JN088883

一問一答シリーズ

一問一答

●

令和3年改正 プロバイダ責任制限法

総務省総合通信基盤局電気通信事業部
消費者行政第二課長

小川久仁子

●

編著

総務省総合通信基盤局電気通信事業部　　総務省総合通信基盤局電気通信事業部　　総務省総合通信基盤局電気通信事業部
消費者行政第二課企画官　　　　　　　　消費者行政第二課課長補佐　　　　　　　消費者行政第二課専門職

高田裕介　　　　　　**中山康一郎**　　　　　　**大澤一雄**

総務省総合通信基盤局電気通信事業部　　総務省総合通信基盤局電気通信事業部
消費者行政第二課課長補佐　　　　　　　消費者行政第二課課長補佐

伊藤愉理子　　　　　　**中川北斗**

●

著

商事法務

●はしがき

　本書は、2021年4月28日に公布された「特定電気通信役務提供者の損害賠償責任の制限及び発信者情報の開示に関する法律」（いわゆる「プロバイダ責任制限法」）の改正法の趣旨、内容等を一問一答形式でできる限り分かりやすく解説したものです。

　インターネットの普及は多くの人々に利便性をもたらす一方で、他人の権利を侵害する情報の流通も容易にして被害の時間的・空間的拡大ももたらしてしまいます。プロバイダ責任制限法はこのような課題に対応するために2001年に成立し、一定の場合に被害者が発信者情報の開示を求めることができる権利が法定されました。

　このプロバイダ責任制限法の制定後20年を迎えた年に成立した本改正法は、インターネット上での権利侵害投稿による被害が増加・深刻化する傾向にあること等を踏まえ、裁判所の迅速な判断を可能とするための「新たな裁判手続」（非訟手続）を創設するほか、開示請求の対象を拡大するものです。インターネット上での権利侵害における被害者救済が求められる中で、その意義は、大きいものと考えられます。

　本改正法は、「発信者情報開示の在り方に関する研究会」（座長：曽我部真裕京都大学大学院法学研究科教授）における精力的な議論に基づく「発信者情報開示の在り方に関する研究会　最終とりまとめ」（2020年12月）を踏まえたものです。同研究会の座長、構成員、オブザーバである関係省庁をはじめ、検討の過程において多くの方々にご指導・ご支援をいただきましたことに改めて御礼申し上げます。

　本改正により、プロバイダ責任制限法に「新たな裁判手続」に関する条文等が追加され全5条と小規模な法律であったものが、全18条となり検索の利便を確保する観点から4つの章が設けられることとなりました。2022年10月までに予定される施行までの間に改正法に基づき総務省令及び最高裁規則の策定作業が進められるとともに、ガイドラインの策定なども進められることが期待されます。法改正における議論を踏まえて書かれた本書が関係各方面において広く利用され、改正法の趣旨及び内容についての理解の一助

となれば幸いです。

　本書の執筆は、総務省総合通信基盤局電気通信事業部消費者行政第二課において改正法の立案事務等に関与した、高田裕介企画官、中山康一郎課長補佐、大澤一雄専門職（現弁護士）、伊藤愉理子課長補佐、中川北斗課長補佐の各氏が分担し、全体の調整を私が行いました。意見や評価にわたる部分は、もとより筆者らの個人的な見解です。

　この機会に、改めて関係各位、執筆者各位のご協力と、本書の刊行に当たってお世話になった株式会社商事法務の澁谷禎之氏及び櫨元ちづる氏のご尽力に心より感謝申し上げます。

　2022 年 1 月

　　　　総務省総合通信基盤局電気通信事業部消費者行政第二課長　　小川久仁子

● 凡　例

1　本書では、以下の略語を用いている場合があります。

改正法	特定電気通信役務提供者の損害賠償責任の制限及び発信者情報の開示に関する法律の一部を改正する法律（令和3年法律第27号）
改正法案	特定電気通信役務提供者の損害賠償責任の制限及び発信者情報の開示に関する法律の一部を改正する法律案（令和3年2月26日国会提出）
新法	改正法による改正後の特定電気通信役務提供者の損害賠償責任の制限及び発信者情報の開示に関する法律（平成13年法律第137号）
旧法	改正法による改正前の特定電気通信役務提供者の損害賠償責任の制限及び発信者情報の開示に関する法律（平成13年法律第137号）
開示命令	発信者情報開示命令
開示命令事件	発信者情報開示命令事件
開示命令の申立てについての決定	発信者情報開示命令の申立てについての決定

2　本書中において引用されている条文の番号は、特に断らない限り、新法のものです。

●執筆者一覧

【編著者】
小川久仁子　総務省総合通信基盤局電気通信事業部消費者行政第二課長

【著　者】
高田　裕介　総務省総合通信基盤局電気通信事業部消費者行政第二課企画官
中山康一郎　総務省総合通信基盤局電気通信事業部消費者行政第二課課長補佐
大澤　一雄　総務省総合通信基盤局電気通信事業部消費者行政第二課専門職
伊藤愉理子　総務省総合通信基盤局電気通信事業部消費者行政第二課課長補佐
中川　北斗　総務省総合通信基盤局電気通信事業部消費者行政第二課課長補佐

　　※　執筆者の肩書きは法律成立時点による。

一問一答　令和3年改正プロバイダ責任制限法
もくじ

第7　第15条関係（提供命令）

第8　第16条関係（消去禁止命令）

第1章 総　論

Q1　今回の改正はどのような背景によるものですか。

A 特定電気通信役務提供者の損害賠償責任の制限及び発信者情報の開示に関する法律（平成13年法律第137号）が制定された平成13（2001）年当時には、同法の適用対象となるサービスとしては、主に電子掲示板等が想定されていました。

その後、ブログサービス、動画・画像共有サービス及びSNS（Social Networking Service の略称。）等、様々なインターネット上のサービスが登場し、制定時と比べて、インターネット上での権利侵害投稿による被害が増加・深刻化する傾向にあります^(注1)。とくに、SNS上での誹謗中傷等は深刻化しており、様々な権利侵害による被害が発生しています。

こうしたインターネット上の匿名の発信者による誹謗中傷等により自己の権利を侵害された者がその被害を回復しようとする場合、プロバイダ等に対し、発信者の特定に資する情報（発信者情報）の開示請求を行うことで発信者を特定し、損害賠償請求等を行うことが考えられます。

発信者情報の開示請求は、一般に裁判手続を経る必要があるところ^(注2)、開示請求の対象となる事案は、権利侵害が明らかであるなど開示要件の該当性判断が容易なものから、当該判断を裁判でかつ慎重な手続により行うことが適当な事案まで様々です。

もっとも、旧法の下での裁判上の開示請求については、訴訟手続を必要とする結果、上記判断が容易な事案にも、裁判期日を開き、裁判官の面前での口頭による審問の機会の付与が必要となるなど、当事者に多くの時間・コストがかかり^(注3)、迅速な被害者救済の妨げとなっている側面がありました。

また、近年普及しているログイン型のサービスを提供するSNS等のシステム上、投稿時のIPアドレス等が保存されていないことから、投稿時のI

Ｐアドレス等から通信経路を辿ることにより発信者を特定することができないという課題があり、ログイン時等の通信に付随する発信者情報の開示を通じて被害者を救済する必要性が高まっている状況にありました。

　そこで、これらの課題に対応するため、今回の改正がなされたものです（その概要についてはＱ2参照）。

（注1）　例えば、総務省が委託運営を行っている「違法・有害情報センター」における相談対応件数は、平成27（2015）年度以降、約5,000件で高止まりしており、運営が開始された平成22（2010）年度と比較すると約4倍となっています。

（注2）　裁判外での発信者情報の開示請求により、任意に発信者情報が開示されることはそれほど多くはないとの実務関係者からの指摘があります（「発信者情報開示の在り方に関する研究会　最終とりまとめ」（令和2年12月）4頁）。

（注3）　一般に、ＳＮＳ事業者等のコンテンツプロバイダに対する発信者情報開示仮処分の申立てに係る判断が出た後に、経由プロバイダに対する発信者情報開示請求訴訟の提起を行う、という2段階の裁判手続が必要になることから、多くの時間・コストがかかり、被害者にとって大きな負担となっていることが指摘されています。

（参考）　発信者情報開示請求の実務の現状〜開示プロセスの流れ〜

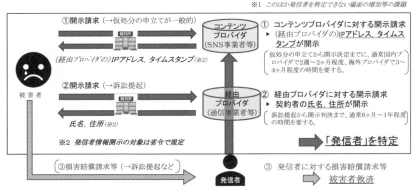

Q2　今回の改正の概要はどのようなものですか。

A　改正法は、特定電気通信による情報の流通によって自己の権利を侵害されたとする者が増加する中で、発信者情報開示請求制度について所要の見直しを行うものです。具体的には、発信者情報の開示請求について、その事案の実情に即した迅速かつ適正な解決を図るため、①発信者情報の開示請求に係る新たな裁判手続（非訟手続）を創設するとともに、②開示請求を行うことができる範囲の見直しを行う等の措置を講じるものです。

①　新たな裁判手続（非訟手続）の創設

　　今回の改正により、「発信者情報開示命令事件に関する裁判手続」（第4章）を創設するものです。具体的には、発信者情報の開示命令（第8条）、提供命令（第15条）及び消去禁止命令（第16条）という3つの命令が創設されるほか、開示命令の申立てについての決定に対する不服申立て手段としての異議の訴え（第14条）や裁判管轄（第9条及び第10条）の規定等を設けるものです。

②　開示請求を行うことができる範囲の見直し等

　　特定発信者情報の開示請求権を創設するとともに、開示関係役務提供者として、他人の権利を侵害したとされる情報の発信者が当該情報の送信に関連して行った他の通信を媒介する電気通信役務を提供した者を追加する見直し等を行うものです。

（参考）　プロバイダ責任制限法の一部を改正する法律（概要）

インターネット上の誹謗中傷などによる権利侵害についてより円滑に被害者救済を図るため、発信者情報開示について新たな裁判手続（非訟手続）を創設するなどの制度的見直しを行う。

1. 新たな裁判手続の創設

現行の手続では発信者の特定のため、2回の裁判手続※を経ることが一般的に必要。
※コンテンツプロバイダからの開示と経由プロバイダからの開示

【改正事項】
- 発信者情報の開示を一つの手続で行うことを可能とする「新たな裁判手続」（非訟手続）を創設する。
- 裁判所による開示命令までの間、必要とされる通信記録の保全に資するため、提供命令及び消去禁止命令※を設ける。　※侵害投稿通信等に係るログの保全を命令
- 裁判管轄など裁判手続に必要となる事項を定める。
※新たな非訟手続では米国企業に対してEMS等で申立書の送付が可能

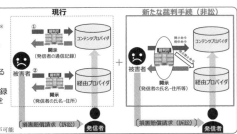

2. 開示請求を行うことができる範囲の見直し

SNSなどのログイン型サービス等において、投稿時の通信記録が保存されない場合には、発信者の特定をするためにログイン時の情報の開示が必要。

【改正事項】
- 発信者の特定に必要となる場合には、ログイン時の情報の開示が可能となるよう、開示請求を行うことができる範囲等について改正を行う。

〈ログイン型サービスのイメージ〉
ID/パスワードを入力し、アカウントにログインした上で投稿などを行うサービス

記録あり → SNS ログイン
記録なし → 匿名の書き込み

3. その他

【改正事項】
- 開示請求を受けた事業者が発信者に対して行う意見聴取において、発信者が開示に応じない場合は、「その理由」も併せて照会する。

Q3 今回の改正の立法の経緯と国会における審議の状況は、どのようなものでしたか。

A

1 改正法の立法に至る経緯

平成13（2001）年の旧法の制定時には、同法の適用対象となるサービスとしては、主に電子掲示板等が想定されていました。

その後、ブログサービス、動画・画像共有サービス及びSNS（Social Networking Service の略称。）等様々なサービスが登場し、制定時と比べて、インターネット上での権利侵害投稿による被害が増加・深刻化する傾向にあります。特に、SNS上での誹謗中傷等は深刻化しており、様々な権利侵害による被害が発生しています[注1]。

このような背景の下、総務省は、令和2（2020）年4月、「発信者情報開示の在り方に関する研究会」を設置しました。

同研究会は、発信者情報開示請求制度の在り方について議論を重ね、同年8月には「中間とりまとめ」が取りまとめられました。「中間とりまとめ」では、「今後、被害者の救済の観点のみならず発信者の権利利益の確保の観点にも十分配慮を図りながら、様々な立場からの意見を幅広く聴取して、法改正により新たな裁判手続を創設することについて、創設の可否を含めて、検討を進めていくことが適当」とされました。

同研究会は、新たな裁判手続の具体的な制度設計等について精力的に検討を進め、同年11月には「最終とりまとめ（案）」が公表され、パブリック・コメント手続に付され、同年12月に「最終とりまとめ」が取りまとめられました。「最終とりまとめ」においては、発信者の権利利益の確保に十分配慮しつつ、迅速かつ円滑な被害者の権利回復が適切に図られるようにするという目的を実現するために、「開示可否について1つの手続の中で判断可能とするような非訟手続を創設することが適当」とされ、開示請求を行うことができる範囲の見直しについても「法改正及び省令改正を行うことが適当」とされました。

2　改正法案の提出と国会における審議の状況

　総務省は、この「最終とりまとめ」を踏まえて改正法案の立案作業を進め、令和3（2021）年2月26日、第204回国会（常会）に同案を提出しました。

　同年4月6日、衆議院総務委員会において総務大臣から趣旨説明がされた後、同法案は同月8日、同委員会において質疑が行われました。同法案は、全会一致で可決され（附帯決議あり[注2]）、同月13日の本会議に上程され、全会一致で可決されました。

　参議院においては、同月15日に参議院総務委員会において総務大臣から趣旨説明がされた後、同法案は同月20日、同委員会において質疑が行われました。同法案は、全会一致で可決され（附帯決議あり[注2]）、翌21日の本会議に上程され、全会一致で可決されました。

　こうした審議を経て、法律として成立し、同月28日に公布されました[注3]。

（注1）　改正法の背景についてはQ1参照。

（注2）　衆議院及び参議院のいずれにおいても、政府は実効性のある被害者支援体制の構築に努めるべきであること等を内容とする附帯決議がされました（附帯決議は181頁以下参照）。

（注3）　改正法の施行期日については、「公布の日から起算して一年六月を超えない範囲内において政令で定める日から施行する」こととされています（Q97参照）。

Q4　改正後の条文構造を教えて下さい。

A　旧法は、全5条（枝番の条（第3条の2）を含む。）と小規模な法律であったため、章による区分は設けられていませんでした。しかし、改正により、条文数が13条増えて全18条となることから、検索の利便を確保するため、一定の類型ごとに章として構成することとしました。

　具体的には、第1章「総則」において、法の趣旨を明らかにするとともに、基本的な用語の定義を定めています。

　続いて、第2章「損害賠償責任の制限」において、特定電気通信による情報の流通により他人の権利が侵害された場合に権利を侵害した情報の不特定の者に対する送信を防止する措置を講じた特定電気通信役務提供者について、その損害賠償責任が制限される場合等を規定しています。

　さらに、第3章「発信者情報の開示請求等」において、特定電気通信による情報の流通によって自己の権利を侵害されたとする者が開示関係役務提供者に対して発信者情報の開示を請求する根拠となる発信者情報開示請求権等を規定しています。

　最後に、第4章「発信者情報開示命令事件に関する裁判手続」において、決定手続により発信者情報の開示を請求することができる開示命令事件に関する裁判手続について定めています。なお、開示命令事件は、訴訟事件ではなく非訟事件に該当するものであり、その手続には非訟事件手続法第2編の規定が適用されるところ、本章は、非訟事件である開示命令事件に関する裁判手続に関し、同法の特則を定めるものです。

新法の章の構成

第1章　総則
　第1条　趣旨
　第2条　定義
第2章　損害賠償責任の制限
　第3条　損害賠償責任の制限
　第4条　公職の候補者等に係る特例
第3章　発信者情報の開示請求等
　第5条　発信者情報の開示請求
　第6条　開示関係役務提供者の義務等
　第7条　発信者情報の開示を受けた者の
　　　　義務

**第4章　発信者情報開示命令事件に関する
　　　　裁判手続**
　第8条　発信者情報開示命令
　第9条　日本の裁判所の管轄権
　第10条　管轄
　第11条　発信者情報開示命令の申立書の
　　　　写しの送付等
　第12条　発信者情報開示命令事件の記録
　　　　の閲覧等
　第13条　発信者情報開示命令の申立ての
　　　　取下げ
　第14条　発信者情報開示命令の申立てに
　　　　ついての決定に対する異議の訴え
　第15条　提供命令
　第16条　消去禁止命令
　第17条　非訟事件手続法の適用除外
　第18条　最高裁判所規則

Q5 発信者情報開示命令事件に非訟事件手続法が適用されることとなる趣旨を教えて下さい。

A 　非訟事件とは、裁判所が取り扱う事件のうち、純然たる訴訟事件（裁判所が当事者の意思いかんにかかわらず終局的に事実を確定し当事者の主張する実体的権利義務の存否を確定することを目的とする事件^(注1)）以外のものをいいます。

　開示命令の申立てについての決定に不服がある者は、異議の訴えを提起することにより、その決定の当否を民事訴訟手続において争うことが可能であること（第14条）から、開示命令事件は、終局的に実体的権利義務の存否を確定するものではないため、純然たる訴訟事件には該当しません。

　したがって、開示命令事件は、非訟事件手続法第3条の「非訟事件」に該当し、その手続には、原則として、同法第2編の規定が「適用」されることとなります^{(注2)(注3)}。このことは、新法に非訟事件手続法第2編の規定が適用されることを前提とした規定（第17条）があることからも明らかです。

（注1）　最大決昭和45年6月24日民集24巻6号610頁等参照。
（注2）　裁判所による終局的な判断作用以外の作用を重要な要素とする事件（例えば、民事調停事件や労働審判事件等）については非訟事件手続法第2編の規定が「準用」されていますが、発信者情報開示命令事件は裁判所による終局的な判断作用を重要な要素とする事件であることから同法第2編の規定が「適用」されることとなります。
（注3）　一部の適用除外規定を除きます。なお、適用除外規定についてはQ94参照。

（参考）
○非訟事件手続法
（第二編の適用範囲）
第三条　非訟事件の手続については、次編から第五編まで及び他の法令に定めるもののほか、この編の定めるところによる。

Q6 プロバイダ責任制限法の規定と非訟事件手続法の規定の適用
関係は、どのようなものですか。

A 　発信者情報開示命令事件は、非訟事件手続法第3条に規定する
「非訟事件」に該当します。そのため、開示命令事件には、同法第
2編の規定が適用されることとなります（Q5参照）。

　すなわち、「非訟事件」である開示命令事件の裁判手続については、原則
として、非訟事件手続法第2編の規定が適用されることを前提に、第4章
「発信者情報開示命令事件に関する裁判手続」において非訟事件手続法第2
編の規定の特則的規定や補足的規定を定めている、という関係にあります。

（参考）
○非訟事件手続法
（第二編の適用範囲）
第三条　非訟事件の手続については、次編から第五編まで及び他の法令に定めるものの
ほか、この編の定めるところによる。

Q7 今回の改正により新たに設けられた3つの命令の法的性格やその関係は、どのようなものですか。

A 改正法により、開示命令（第8条）、提供命令（第15条）及び消去禁止命令（第16条）の3つの命令が新たに創設されることとなります。

1　3つの命令の法的性格

開示命令、提供命令及び消去禁止命令は、いずれも裁判であり、その裁判の形式はいずれも「決定」となります（非訟事件手続法第54条）。

①　開示命令

開示命令は、第5条第1項又は第2項の規定に基づく開示の請求について、その開示を開示関係役務提供者に対して命ずるものです。また、開示命令の申立てについての決定は、その開示を命ずるか否かについて終局的判断をする裁判ですから、「終局決定」に該当するものです（非訟事件手続法第55条以下）。

②　提供命令及び消去禁止命令

提供命令及び消去禁止命令は、開示命令の実効性を確保するための開示命令事件を本案とする付随的事項に関する保全処分です。すなわち、経由プロバイダにおけるアクセスログの保存期間が限られていることから、開示命令事件における開示要件の審理とは切り離して、経由プロバイダの特定及び侵害情報に係るアクセスログの消去禁止を迅速に求めることができるようにするため、「開示命令の申立てに係る侵害情報の発信者を特定することができなくなることを防止するため必要があると認めるとき」に発令されるものです（第15条第1項柱書、第16条第1項柱書）。

これらの申立てについての決定は、開示命令事件について終局的判断をする裁判以外の裁判であることから、「終局決定以外の非訟事件に関する裁判」に該当するものです（非訟事件手続法第62条第1項）。

2　3つの命令の関係

提供命令及び消去禁止命令の申立ては、いずれも本案である開示命令の申立ての実効性を確保するための付随的事項であることから、本案の開示命令

事件が係属していることを要件としています（第 15 条第 1 項柱書、第 16 条第
1 項柱書）。

　　したがって、提供命令又は消去禁止命令の申立ては、開示命令の申立てを
先に行っているか、開示命令の申立てと同時でなければ、することはできま
せんし、提供命令又は消去禁止命令の申立てについての決定がされる前に開
示命令の申立てを却下する決定がされた場合（例えば、開示命令の申立てが不
適法であるとき又は理由がないことが明らかなときは、裁判所は、申立書の写し
の送付や当事者の陳述の聴取を経ずに、直ちに申立てを却下することができると
されています（第 11 条）。）には、これらの命令の申立てに係る事件について
は、申立てに対する判断が示されることなく、当然に終了するという関係に
あります。

　　また、提供命令及び消去禁止命令の効力の終期は、本案の開示命令事件が
終了するまで（異議の訴えが提起された場合には、その訴訟が終了するまで）と
されています（第 15 条第 3 項、第 16 条第 1 項）。すなわち、提供命令及び消
去禁止命令の効力は、開示命令事件の終了等により、当然に失効するという
関係にあります。

Q8 発信者情報開示命令を利用する場合には一体的な解決が可能になったと聞いたのですが、どのようなことか教えて下さい。

A 旧法の下では、権利を侵害されたとする者は、発信者の氏名・住所等を保有する経由プロバイダ（通信事業者等）を特定するために必要であるＩＰアドレス等がコンテンツプロバイダ（ＳＮＳ事業者等）から開示されないと、当該経由プロバイダを特定することができないことから、一般に、コンテンツプロバイダに対する発信者情報開示仮処分の決定を得ることによりＩＰアドレス等の開示を受けた後、別途、経由プロバイダに対する発信者情報開示請求訴訟を提起する必要があります。

このように、同一の権利侵害投稿について、異なる裁判官による別の裁判で2回の判断を経ることを要するという課題に対応するため、改正法により所要の措置をすることとしています。

すなわち、裁判所が、開示命令の申立てをした者の申立てを受けて、開示命令より緩やかな要件により、コンテンツプロバイダに対し、（当該コンテンツプロバイダが自らの保有するＩＰアドレス等により特定した）経由プロバイダの名称等を被害者に提供することを命じること（提供命令）ができることとしています（第15条）。これにより、提供命令の申立人は、コンテンツプロバイダに対する開示命令の発令を待たずに、経由プロバイダに対する開示命令の申立てができることとなります。

また、提供命令の申立人が、提供命令によりその名称等が提供された経由プロバイダに対する発信者情報開示命令の申立てを行った場合、既に裁判所に係属しているコンテンツプロバイダに対する開示命令事件の手続と、新たに申立てをした経由プロバイダに対する開示命令事件の手続が併合されることにより、一体的な審理を受けることが可能になっています（非訟事件手続法第35条第1項）(注)。

さらに、提供命令を受けたコンテンツプロバイダは、その保有するＩＰアドレス等を、提供命令の申立てをした者には秘密にしたまま経由プロバイダに提供することとなるため、当該経由プロバイダは自らが保有する発信者情報（発信者の氏名及び住所等）を特定することにより、また、消去禁止命令の申立てがなされてその決定により、当該発信者情報を保全することができる

こととなります（第16条）。

（注）　提供命令を利用した場合における専属管轄の規律により、これらの開示命令事件
　　　　は同一の裁判所に係属することとなります（第10条第7項。Q60参照）。

（参考）

○非訟事件手続法

　（手続の併合等）

第三十五条　裁判所は、非訟事件の手続を併合し、又は分離することができる。

2・3　（略）

新たな裁判手続の創設

- 現行法に基づき裁判所に開示請求を行った場合、発信者を特定するためには、①SNS事業者等からIPアドレス（インターネット機器に割り当てられた識別番号。インターネット上の住所に相当）等の開示を受けたのち、②経由プロバイダから氏名・住所の開示を受けるための裁判を行うという、2段階の裁判手続を経ることが一般的。
- 本改正では、非訟手続により、開示命令、提供命令及び消去禁止命令の申立てを裁判所において一体的な手続として取り扱うことを可能にすることにより、事案の柔軟かつ迅速な解決を図る。また、裁判管轄等、裁判手続に関し必要となる事項を定める。

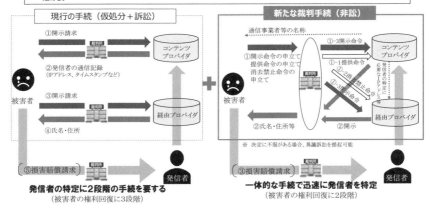

Q9 新設する発信者情報開示命令制度と現行の発信者情報開示請求訴訟を比較すると、両者には、主にどのような違いがあるのですか。

A 新設する発信者情報開示命令制度では、当事者対立性の高くない事案などについて、現行の制度と異なり、訴訟手続よりも簡易迅速な非訟手続^(注)により、発信者情報の開示を受けることが可能となります。

また、現行の制度の下では、発信者の氏名・住所等の開示を受けるためには、一般に、コンテンツプロバイダを相手方とする発信者情報開示仮処分の申立てを行い、当該申立てが認容された後に、経由プロバイダに対する発信者情報開示請求訴訟を提起するという二段階の手続を経る必要がありますが、新設する発信者情報開示命令制度においては、権利を侵害されたとする者は、提供命令や消去禁止命令を利用することで、両者に対する開示命令事件の手続が併合され、一体的な審理を受けることが可能となります。

（注）　例えば、現行の訴訟手続とは異なり、裁判所は、書面審理のみにより開示・不開示の判断をすることも、制度上は可能です（開示命令事件における審理方法については、Q39 参照）。

Q10 今回の改正より創設される非訟手続において、投稿の削除を求めることができますか。

A 今回の改正より創設される非訟手続は、発信者情報開示請求権を行使するための手続であり、同手続において投稿の削除を求めることはできません。

Q11　政省令への委任事項には、どのようなものがありますか。

A　新法における政省令への委任事項には、次のものがあります。

①　施行期日を定める政令（改正法附則第1条）

②　「発信者情報」の定義に係る省令（第2条第6号）

③　「ログイン型サービス」を開示請求の対象に加えることに伴う省令
（第5条第1項柱書、同項第3号ロ、同条第3項）

④　「提供命令」に係る省令（第15条第1項第1号柱書、同号ロ）

（参考）

①　施行期日を定める政令
　　　　　　　　　　　　　　　　　　　　　　　　　　（傍線部分は筆者）

改正法附則 第1条	施行期日について、「この法律は、公布の日から起算して一年六月を超えない範囲内において<u>政令で定める日から施行する</u>」と規定。

②　「発信者情報」の定義に係る省令

第2条第6号	発信者情報の定義として、「氏名、住所その他の侵害情報の発信者の特定に資する情報であって<u>総務省令で定めるもの</u>」と規定。

③　「ログイン型サービス」を開示請求の対象に加えることに伴う省令

第5条 　第1項柱書	特定発信者情報の定義として、「発信者情報であって専ら侵害関連通信に係るものとして<u>総務省令で定めるもの</u>」と規定。
第5条 　第1項 　第3号ロ	特定発信者情報の開示要件として、「当該特定電気通信役務提供者が保有する当該権利の侵害に係る特定発信者情報以外の発信者情報が次に掲げる発信者情報以外の発信者情報であって<u>総務省令で定めるもののみであると認めるとき</u>」と規定。
第5条第3項	侵害関連通信の定義として、「侵害情報の発信者が当該侵害情報の送信に係る特定電気通信役務を利用し、又はその利用を終了するために行った当該特定電気通信役務に係る識別符号（特定電気通信役務提供者が特定電気通信役務の提供に際して当該特定電気通信役務の提供を受けることができる者を他の者と区別して識別するために用いる文字、番号、記号その他の符号をいう。）その他の符号の電気通信による送信であって、当該侵害情報の発信者を特定するために必要な範囲内であるものとして<u>総務省令で定めるもの</u>」と規定。

④「提供命令」に係る省令

第15条 　第1項第1号 柱書	特定発信者情報の定義として、「発信者情報であって専ら侵害関連通信に係るものとして<u>総務省令で定めるもの</u>」と規定。
第15条 　第1項第1号 ロ	提供命令を受けた開示関係役務提供者による「他の開示関係役務提供者の氏名等情報」の提供方法として、「電磁的方法（電子情報処理組織を使用する方法その他の情報通信の技術を利用する方法であって<u>総務省令で定めるもの</u>）」と規定。

第2章 発信者情報の開示請求等（第5条から第7条まで）

第1　第5条関係（発信者情報の開示請求）

Q12 発信者情報開示請求権については、どのような見直しがなされたのですか。

A　新法では、①旧法第4条第1項で認められていた権利侵害投稿を行った際のIPアドレス等を開示の対象とする発信者情報開示請求権に加えて、②SNSサービス等にログインした際のIPアドレス等を開示の対象とすることを念頭に、特定発信者情報の開示請求権が創設されます（第5条第1項柱書）。

　なお、特定発信者情報は発信者情報に含まれるものであることから、特定発信者情報の開示請求権の創設に伴い、旧法下における「発信者情報」の開示請求権は、「特定発信者情報以外の発信者情報」の開示請求権と整理されました（第5条）。

Q13　発信者情報開示請求権の開示要件に変更はあるのですか（第５条第１項）。

A　旧法の下では、発信者情報開示請求権について、①「権利が侵害されたことが明らかであるとき」との要件のほか、②「発信者情報の開示を受けるべき正当な理由があるとき」との要件が定められていました（旧法第４条第１項第１号及び第２号）。

　これらの要件は、新法においても、文言に若干の技術的修正が施されているものの、その内容に変更はありません（第５条第１項第１号及び第２号）(注1)。

　なお、新法において創設された特定発信者情報(注2)の開示を請求する場合については、上記①及び②に加えて、③特定発信者情報の開示を要することについての補充的な要件(注3)を満たすことが必要です（第５条第１項第３号）。

(注1)　「権利が侵害されたことが明らかであるとき」との要件を緩和すべきかという論点に関しては、改正法案の立案に向けた検討を行った「発信者情報開示の在り方に関する研究会」において議論がありましたが、その「最終とりまとめ」において、「非訟手続によるプロバイダへの開示命令の要件については、現行法と同様の要件を維持することが適当である」とされたことから、新法においても同要件が維持されることとなりました。

(注2)　「特定発信者情報」の具体的内容は、総務省令で定められることとされています（第５条第１項柱書中の括弧書）。

(注3)　補充的な要件については、Q18参照。

（参考）　発信者情報開示請求権の開示要件についての新旧比較

（傍線部分は①及び②の要件に係る部分）

旧法	新法
（発信者情報の開示請求等）	（発信者情報の開示請求）
第四条　特定電気通信による情報の流通によって自己の権利を侵害されたとする者は、次の各号のいずれにも該当するときに限り、当該特定電気通信の用に供され	第五条　特定電気通信による情報の流通によって自己の権利を侵害されたとする者は、当該特定電気通信の用に供される特定電気通信設備を用いる特定電気通信役

る特定電気通信設備を用いる特定電気通信役務提供者（以下「開示関係役務提供者」という。）に対し、当該開示関係役務提供者が保有する当該権利の侵害に係る発信者情報（氏名、住所その他の侵害情報の発信者の特定に資する情報であって総務省令で定めるものをいう。以下同じ。）の開示を請求することができる。

一　侵害情報の流通によって当該開示の請求をする者の権利が侵害されたことが明らかであるとき。

二　当該発信者情報が当該開示の請求をする者の損害賠償請求権の行使のために必要である場合その他発信者情報の開示を受けるべき正当な理由があるとき。

2〜4　（略）

務提供者に対し、当該特定電気通信役務提供者が保有する当該権利の侵害に係る発信者情報のうち、特定発信者情報（発信者情報であって専ら侵害関連通信に係るものとして総務省令で定めるものをいう。以下この項及び第十五条第二項において同じ。）以外の発信者情報については第一号及び第二号のいずれにも該当するとき、特定発信者情報については次の各号のいずれにも該当するときは、それぞれその開示を請求することができる。

一　当該開示の請求に係る侵害情報の流通によって当該開示の請求をする者の権利が侵害されたことが明らかであるとき。

二　当該発信者情報が当該開示の請求をする者の損害賠償請求権の行使のために必要である場合その他当該発信者情報の開示を受けるべき正当な理由があるとき。

三　（略）

2・3　（略）

Q14 今回の改正により創設される特定発信者情報の開示請求権とは、どのようなものですか（第5条第1項柱書）。

A 特定発信者情報の開示請求権とは、今回の改正により創設された請求権（第5条第1項柱書）であり、「特定発信者情報」(注1)の開示を請求の対象とするものです。

この請求権は、旧法における発信者情報開示請求権(注2)と同様に、手続法上の権利ではなく、実体法上の請求権として規定されているものです。したがって、裁判上行使することも、裁判外において行使することも可能です。

(注1)　「特定発信者情報」の具体的内容は、「発信者情報であって専ら侵害関連通信に係るものとして総務省令で定めるものをいう」とされており、総務省令で規定されることとなります。

(注2)　旧法第4条第1項に規定されていた「発信者情報の開示請求権」は、新法では「特定発信者情報以外の発信者情報」の開示請求権として規定されます（第5条第1項柱書）。

Q15 特定発信者情報の開示請求権を創設する理由を教えて下さい（第5条第1項柱書）。

A 旧法の制定時（平成13（2001）年）において、旧法第4条第1項に規定する発信者情報の開示請求が活用されることが想定されていた主なインターネットサービスは、匿名による他人の権利を侵害する書き込み（権利侵害投稿）が問題化していたいわゆる電子掲示板サービスでした。

こうした電子掲示板における権利侵害投稿による被害は現在も発生しているものの、近年、権利侵害投稿が特に問題化しているのは、一部の外国法人が運営するSNSサービスです。

個別の書き込みごとのIPアドレス等がそれぞれ記録されることが多い従来型の電子掲示板等とは異なり、かかるSNSサービスには、サービスにログインした際のIPアドレス等（ログイン時情報）は記録しているものの、投稿した際のIPアドレス等を記録していないものがあります。

このログイン時情報の開示の請求を行うことができるかどうかについては、旧法第4条第1項の文言上、発信者情報を開示する義務を負う「開示関係役務提供者」が権利侵害に係る特定電気通信の用に供される特定電気通信設備を用いる特定電気通信役務提供者とされており、また、開示しなければならない情報が「当該権利の侵害に係る発信者情報」とされていることが問題となり、裁判例が分かれている状況にありました[注1]。

このように、通信経路を通じて発信者を特定するためには発信者がサービスにログインした際のIPアドレス等が必要であるにもかかわらず、ログイン時情報の開示を受けることができないのでは、被害者救済に十分ではない面があります。

そこで、新法においては、特定発信者情報の開示請求権を創設することとしたものです（第5条第1項柱書）[注2]。

（注1）　例えば、肯定例として、東京高判平成26年5月28日判時2233号113頁、東京高判平成30年6月13日判時2418号3頁。否定例として、東京高判平成26年9月9日判タ1411号170頁、東京高判平成29年1月26日（2017WLJPCA01266011）、知財高判平成30年4月25日判時2382号24頁。

（注2）　旧法第4条第1項に規定されていた「発信者情報開示請求権」は、新法では「特定発信者情報以外の発信者情報の開示請求権」として規定されます（第5条第1項柱書）。

Q16　「侵害関連通信」とはどのようなものですか（第5条第3項）。

A　「侵害関連通信」とは、ＳＮＳ等において侵害投稿を行った発信者が、そのサービスを利用し、又はその利用を終了するために行った識別符号その他の符号の電気通信による送信であって発信者を特定するために必要な範囲内であるもののことをいいます(注)。この「侵害関連通信」に該当するものについては、総務省令で具体的に定めることとしていますが、例えば、ログイン時の通信やログアウト時の通信などが想定されます。

（注）　厳密には、第5条第3項において、「侵害情報の発信者が当該侵害情報の送信に係る特定電気通信役務を利用し、又はその利用を終了するために行った当該特定電気通信役務に係る識別符号（特定電気通信役務提供者が特定電気通信役務の提供に際して当該特定電気通信役務の提供を受けることができる者を他の者と区別して識別するために用いる文字、番号、記号その他の符号をいう。）その他の符号の電気通信による送信であって、当該侵害情報の発信者を特定するために必要な範囲内であるものとして総務省令で定めるものをいう」と定義されています。

Q17 「当該侵害情報の発信者を特定するために必要な範囲内であるものとして総務省令で定めるものをいう」として、開示される範囲を限定している理由を教えて下さい（第5条第3項）。

A 　それ自体では権利侵害性のない通信である侵害関連通信に付随する特定発信者情報については、被害者の権利回復の利益と発信者のプライバシー及び表現の自由、通信の秘密との均衡を図る観点から、侵害情報の発信者を特定するために必要な範囲を超えて開示されることがないようにする必要があるため、総務省令で定める一定の範囲内の侵害関連通信に付随するもののみの開示を認めることとしたものです。この「必要な範囲内」の具体的内容は、総務省令で定められることとなります。

Q18 特定発信者情報の開示請求を行う場合は、特定発信者情報以外の発信者情報の開示請求を行う場合と比較して要件が加重されていますが、その理由を教えて下さい（第5条第1項第3号）。

A 特定発信者情報は、プロバイダ等が権利侵害投稿に付随する発信者情報を保有していない場合など、発信者を特定するために必要である場合に限り、開示されることとされています（第5条第1項第3号）。

　これは、特定発信者情報が付随するログイン時等の通信は、発信者が行ったものであっても、それ自体は権利侵害性を有するものではなく、権利侵害投稿を送信した侵害投稿通信と比較して発信者のプライバシー及び表現の自由、通信の秘密の保護を図る必要性が高いものであるため、必要な範囲内において、その開示を認めたものです。

Q19 特定発信者情報の開示請求を行う場合の要件である「当該特定電気通信役務提供者が当該権利の侵害に係る特定発信者情報以外の発信者情報を保有していないと認めるとき」とは、典型的にはどのような場合を想定していますか（第5条第1項第3号イ）。

A 第5条第1項第3号イに該当する場合として想定されるのは、例えば、権利侵害投稿が行われたSNSを運営する開示関係役務提供者（コンテンツプロバイダ）が、そのシステム上、個別の投稿が行われた際の通信履歴を保存しておらず、その他の特定発信者情報以外の発信者情報も保有していない場合です。

Q20 特定発信者情報の開示請求について、「当該特定電気通信役務提供者が保有する当該権利の侵害に係る特定発信者情報以外の発信者情報が次に掲げる発信者情報以外の発信者情報であって総務省令で定めるもののみであると認めるとき」との要件を規定した趣旨を教えて下さい（第5条第1項第3号ロ）。

A　開示請求を受けた特定電気通信役務提供者が特定発信者情報以外の発信者情報を保有している場合、第5条第1項第3号イの「当該特定電気通信役務提供者が当該権利の侵害に係る特定発信者情報以外の発信者情報を保有していないと認めるとき」という要件を満たしません。

　もっとも、このような場合であっても、当該特定電気通信役務提供者の保有する情報が発信者の氏名及び住所並びに他の開示関係役務提供者を特定するために用いることができる発信者情報（侵害投稿通信に付随するＩＰアドレス等）以外のものである場合には、それらを用いることによっては発信者を特定できない結果に終わる可能性が一般的に高いものと考えられます。したがって、特定電気通信役務提供者が発信者の氏名及び住所並びに他の開示関係役務提供者を特定するために用いることができる発信者情報以外の一定の発信者情報のみを保有している場合には、被害者が特定発信者情報の開示を受けられるようにする必要があるといえます。そこで、本号ロが設けられたものです。

Q21　第5条第1項第3号ロに該当する場合、特定発信者情報に加えて、特定発信者情報以外の発信者情報の開示請求をすることができますか。

A　第5条第1項に定める「特定発信者情報以外の発信者情報の開示請求権」と「特定発信者情報の開示請求権」とは、要件及び開示対象を異にする別個の請求権であり、各々の要件を充足する限り、開示の請求をすることができます。具体的には、開示関係役務提供者が第5条第1項第3号ロの総務省令で定める特定発信者情報以外の発信者情報のみを保有している場合には、特定発信者情報に加えて、当該総務省令で定める特定発信者情報以外の発信者情報の開示を請求することが考えられます。

Q22　特定発信者情報の開示請求を行う場合の要件である「当該開示の請求をする者がこの項の規定により開示を受けた発信者情報（特定発信者情報を除く。）によっては当該開示の請求に係る侵害情報の発信者を特定することができないと認めるとき」とは、典型的にはどのような場合を想定していますか（第5条第1項第3号ハ）。

A　改正法第5条第1項第3号ハに該当する場合として想定されるのは、例えば、コンテンツプロバイダから権利侵害投稿に付随する特定発信者情報以外の発信者情報（投稿時のIPアドレス及びタイムスタンプ等）を裁判外で開示された者が、経由プロバイダに対して発信者の氏名・住所等の発信者情報の開示を請求したものの、当該経由プロバイダより「その特定発信者情報以外の発信者情報を用いて特定できる発信者情報は保有していない」旨の回答を受けた場合が考えられます。この場合、特定発信者情報以外の発信者情報を用いて発信者を特定することはできないことが判明したわけですから、特定発信者情報の開示を受ける必要性が認められます。そこで、このような場合に特定発信者情報の開示を受けられるようにするために設けられたのが、本号ハに規定する要件です。

Q23 関連電気通信役務提供者と特定電気通信役務提供者とでは、どのような違いがあるのですか（第5条第2項）。

A 　第5条第1項に基づく同項に規定する特定電気通信役務提供者に対する開示請求は、侵害情報を流通させた特定電気通信を媒介等したプロバイダを相手方として行うものです。

　他方、第5条第2項に規定する関連電気通信役務提供者を相手方とする開示請求とは、今回の改正で創設する特定発信者情報の開示請求権の相手方として、侵害関連通信を媒介等した経由プロバイダを規定したものです。

　すなわち、侵害情報を流通させた特定電気通信を媒介等したのが「法第5条第1項に規定する特定電気通信役務提供者」であるのに対し、「法第5条第2項に規定する関連電気通信役務提供者」は、侵害関連通信を媒介等したものの、侵害情報を流通させた特定電気通信を媒介等したとは限りません。

　なお、いずれの場合であっても、開示の要件を満たす場合には発信者情報の開示義務を負うことから、両者を合わせて「開示関係役務提供者」と定義しています（第2条第7号）。

Q24 第5条第1項と同条第2項とで、開示の要件に違いがある理由を教えて下さい。

A 　第5条第1項に基づく開示請求の場合、請求対象が「特定発信者情報以外の発信者情報」であるときには、①権利侵害の明白性（同項第1号）及び②開示を受けるべき正当な理由（同項第2号）があることが開示の要件となり、請求対象が「特定発信者情報」であるときには、これら①及び②の要件に加えて、③特定発信者情報の開示を要することについての補充的な要件が開示の要件となります^{(注1)(注2)}。

　他方、同条第2項に基づく開示請求の場合、開示の要件は、①権利侵害の明白性（同項第1号）及び②開示を受けるべき正当な理由（同項第2号）があることであり、③補充的な要件は課されていません。

　これは、③補充的な要件については、侵害投稿通信に付随する通信記録と侵害関連通信に付随する通信記録とを判別することができるコンテンツプロバイダに対する開示請求の段階において、侵害投稿通信に付随する通信記録の保有の有無等を勘案してその適用の可否を判断することとされているところ、その次の段階である関連電気通信役務提供者に対する開示請求においては、当該要件を再度判断することは要しないこととされたものです。

（注1）　補充的な要件については、Q19 から Q22 まで参照。
（注2）　補充的な要件が加重された趣旨については、Q18 参照。

Q25
発信者情報の開示請求により開示を受けることのできる情報を省令で限定列挙する現行の規定方式を止めて、発信者の特定に資する情報であれば幅広く開示を請求できる制度に変更しなかった理由を教えて下さい。

A
発信者情報の開示請求により開示を受けることのできる情報である「発信者情報」については、法律上、「氏名、住所その他の侵害情報の発信者の特定に資する情報であって総務省令で定めるもの」と定義されており、旧法からの変更はありません[(注)]。

旧法が総務省令において「発信者情報」を限定列挙する規定方式を採用した趣旨は、被害者の権利行使の観点からは、なるべく開示される情報の幅は広くすることが望ましいと考えられる一方で、「発信者情報」は個人のプライバシーに深く関わる情報であって、通信の秘密として保護される事項であることに鑑みると、被害者の権利行使にとって有益ではあるが不可欠ではない情報や、高度のプライバシー性があり、開示をすることが相当とはいえない情報まで開示の対象とすることは許されないこと、を勘案したものです。

このような「発信者情報」の性質に鑑み、総務省令で限定列挙により規定するべきとした旧法の考え方は、改正後も変わるものではないことから、改正後も引き続き総務省令で発信者情報を限定列挙する規定方式が採用されたものです。

　(注)　なお、発信者情報の定義規定については、旧法第4条第1項から新法第2条第6号へと、その規定位置が変更されています。

Q26 プロバイダ等が権利侵害投稿に付随する発信者情報を保有していない場合等に限り、特定発信者情報の開示が認められるとのことですが、開示請求をする者はどのようにしてプロバイダ等が権利侵害投稿に付随する発信者情報を保有していないこと等を立証することが想定されるのですか（第5条第1項第3号）。

A　特定発信者情報の開示を受けるためには、「権利侵害の明白性」と「開示を受ける正当理由」があることという2つの要件に加えて、

・　特定電気通信役務提供者が特定発信者情報以外の発信者情報を保有していないと認めるとき

・　開示請求をする者が一度、特定発信者情報以外の発信者情報の開示を受けたが、それによっては侵害情報の発信者を特定することができないと認めるとき

などの補充的な要件のいずれかを満たすことを、開示請求をする者が立証することが必要となります。

　これらの要件の立証方法としては、例えば、以下の方法が考えられます。

・　前者の要件については、権利侵害投稿が行われたSNS等について、「システム上、投稿時の通信記録は保存されていない」旨などを記載した一般的な文献や過去の裁判例、裁判外での特定電気通信役務提供者とのやりとり等を証拠として提示すること

・　後者の要件については、コンテンツプロバイダから開示を受けた特定発信者情報以外の発信者情報に基づき経由プロバイダを特定して開示請求をしたが、その経由プロバイダから「発信者を特定できなかった」との主張があったことを示す書面を証拠として提示すること

第2　第6条関係（開示関係役務提供者の義務等）

> **Q27** 開示関係役務提供者の発信者に対する意見聴取義務については、どのような見直しがなされたのですか（第6条）。

A　発信者情報の開示は、発信者のプライバシーや表現の自由等の重大な権利利益に関する問題であり、実質的な利害を有しているのは発信者本人であることから、その権利利益を確保することが重要です。このため、旧法の下でも、発信者情報開示制度の当事者となる開示関係役務提供者は、開示請求を受けたときは、開示するかどうかについて、発信者から当該開示請求に対する意見を聴き、これを踏まえて適切に対応することが求められていました（旧法第4条第2項）。

　新法では、この意見聴取義務を維持した上で、発信者が開示に同意しないときはその理由も含めて意見を聴くべき旨の見直しがなされています（第6条第1項）^{（注）}。

（注）　発信者が開示に同意しないときはその理由も含めて意見を聴くべき旨の見直しがなされた理由については、Q28参照。

Q28 発信者に対する意見聴取事項として「当該開示の請求に応じるべきでない旨の意見である場合には、その理由」を加えた理由を教えて下さい（第6条第1項）。

A 　発信者情報の開示は、発信者のプライバシーや表現の自由等の重大な権利利益に関する問題であり、実質的な利害を有しているのは発信者本人であることから、その権利利益を確保することが重要です。このため、旧法の下でも、発信者情報開示制度の当事者となる開示関係役務提供者は、開示請求を受けたときは、開示するかどうかについて、発信者から当該開示請求に対する意見を聴き、これを踏まえて適切に対応することが求められていました（旧法第4条第2項）。

　新法では、この意見聴取義務を維持した上で、発信者の権利利益を確保し、開示関係役務提供者による適切な対応を促す観点から、意見聴取において、発信者が開示に同意しないときはその理由も含めて意見を聴くべきこととしたものです（第6条第1項）。

Q29

開示関係役務提供者は発信者に対する意見聴取の結果に拘束されるのですか。例えば、開示関係役務提供者による意見聴取に対して、発信者が「開示に応ずるべきではない」とする意見を提出した場合、開示関係役務提供者は発信者の意見を尊重する義務があるのですか。

A　旧法においては、開示関係役務提供者が意見聴取に対する発信者の意見に拘束される旨の規定は設けられておらず、これは新法においても同様です。

　もっとも、開示関係役務提供者に対して意見聴取義務（第6条第1項）を課すのは発信者の利益擁護及び手続保障のためであることからすると、開示関係役務提供者は、意見聴取に対して提出された発信者の意見を可能な限り尊重し、裁判外又は裁判上の開示請求に対応することが求められます。

Q30 発信者情報開示命令があった場合における発信者に対する通知制度を設けた趣旨を教えて下さい（第6条第2項）。

A 　開示関係役務提供者が発信者情報開示命令を受けたときは、意見聴取に対して開示請求に応じるべきではない旨の意見（不開示意見）を述べた発信者に対して、通知をすることが困難であるときを除き、当該開示命令を受けた旨を通知しなければならないこととしています（第6条第2項）。

　発信者が意見聴取に対して開示請求に応じるべきでない旨の意見を述べた場合、その意見を元に開示関係役務提供者が裁判で争うことが想定されるという点で、当該発信者はその裁判に事実上関与しているものといえます。このような場合、開示関係役務提供者には、条理上、開示命令があったときはその旨の通知を発信者に対して行うべき義務が生じることになると考えられます(注)。第6条第2項の規定は、かかる義務を明らかにしたものです。

　このように開示命令があったことを発信者に遅滞なく知らせることで、後続する損害賠償請求訴訟等への準備を前もって行うことを可能とするものです。

（注）　通知を受けた発信者が異議の訴えを提起してほしい旨の意見を述べた場合、開示関係役務提供者は当該意見に従って異議の訴えを提起する義務があるかについては、Q32参照。

Q31 発信者に対する通知制度が適用される場面が、発信者が不開示意見を述べた場合において第 8 条に基づく発信者情報開示命令がなされたときに限られている理由を教えて下さい（第 6 条第 2 項）。

A 「開示関係役務提供者は、発信者情報開示命令を受けたときは、前項の規定による意見の聴取（当該発信者情報開示命令に係るものに限る。）において前条第一項又は第二項の規定による開示の請求に応じるべきでない旨の意見を述べた当該発信者情報開示命令に係る侵害情報の発信者に対し、遅滞なくその旨を通知しなければならない。」（第 6 条第 2 項本文）として、通知義務の対象となるのは、発信者が不開示意見を述べた場合において、第 8 条に基づく発信者情報開示命令がなされたときに限られています。

　これは、例えば、発信者が開示に同意しない旨の意見を述べ、それに基づいて、開示関係役務提供者が公開対審の訴訟手続により争った結果、開示判決が出た場合は、手続保障の程度は、非訟手続によるのと比べて十分であるといえるから、発信者のために通知義務を課す必要まではないとの考慮によるものです。

Q32 開示関係役務提供者は、開示命令を受けたときは、開示請求に応じるべきではないとの意見を述べた発信者に対して、遅滞なくその旨を通知しなければならないとされていますが、当該通知に対して発信者から異議の訴えを提起してほしいとの連絡があった場合には、異議の訴えを提起しなければならないのですか（第6条第2項）。

A 発信者情報開示命令事件（非訟手続）における当事者は、開示命令の申立人及びその相手方である開示関係役務提供者であり、発信者は意見聴取手続を通じて自らの主張を開示関係役務提供者に伝えることが想定される一方で、同事件の当事者となるものではありません。

開示関係役務提供者の発信者に対する通知義務（第6条第2項）の趣旨は、開示命令があったことを発信者に遅滞なく知らせることで、後続する損害賠償請求訴訟等への準備を前もって行うことを可能とするものであり、発信者の手続保障に資する点にあります(注)。

裁判所の開示の判断を受け入れるかどうかの判断は、旧法下と同様に、当事者である開示関係役務提供者が行うものであるため、当該開示関係役務提供者には、発信者の意向に従って異議の訴えを提起する義務まではありません。

（注）　規定の趣旨の詳細については、Q30参照。

Q33　開示関係役務提供者の通知義務が免除される「当該発信者に対し通知することが困難であるとき」とは、どのような場合が想定されるのですか（第6条第2項）。

A　「当該発信者に対し通知することが困難であるとき」（第6条第2項）とは、発信者と連絡をとることができないなど、発信者に開示命令を受けた旨の通知をするのが客観的に不能である場合を意味します。例えば、発信者が連絡先を変更したにもかかわらず、開示関係役務提供者に対して、その旨の連絡を行っていないために、当該開示関係役務提供者が連絡を取ろうとしても取ることができない場合が考えられます。

第3　第7条関係（発信者情報の開示を受けた者の義務）

Q34 発信者情報の開示を受けた者の義務について、どのような見直しがなされたのですか（第7条）。

A 旧法の下では、発信者情報開示請求権の行使により発信者情報の開示を受けた者は、当該発信者情報について、法律上認められた被害回復の措置（発信者に対する損害賠償請求権の行使等）をとる目的以外の目的で用いることにより、不当に発信者の名誉又は生活の平穏を害する行為をしてはならないという民事上の義務（濫用禁止義務）が定められているところ、この義務は新法の下においても維持されています。

また、新法では特定発信者情報の開示請求権が創設されるところ（第5条第1項柱書）(注)、特定発信者情報が開示された場合であっても上記規律を及ぼすべきであることには違いがないことから、特定発信者情報の開示を受けた場合についても濫用禁止義務を負うこととしています（第7条）。

（注）　特定発信者情報の開示請求権については、Q14参照。

（参考）　発信者情報の開示を受けた者の義務についての新旧比較

（傍線部分は改正部分）

旧法	新法
（発信者情報の開示請求等） 第四条 1・2　（略） 3　第一項の規定により発信者情報の開示を受けた者は、当該発信者情報をみだりに用いて、不当に当該発信者の名誉又は生活の平穏を害する行為をしてはならない。 4　（略）	（発信者情報の開示を受けた者の義務） 第七条　第五条第一項又は第二項の規定により発信者情報の開示を受けた者は、当該発信者情報をみだりに用いて、不当に当該発信者情報に係る発信者の名誉又は生活の平穏を害する行為をしてはならない。

第3章 発信者情報開示命令事件に関する裁判手続（第8条から第18条まで）

第1　第8条及び第11条関係（発信者情報開示命令及び発信者情報開示命令の申立書の写しの送付等）

Q35　開示関係役務提供者から発信者情報の開示を受けるための現行の手続（開示請求訴訟）は、改正法の施行後は利用できなくなるのですか。

A　今回の改正は、旧法に定める発信者情報開示請求権を存置した上で、これに加えて、新たな裁判手続（非訟手続）を創設等するものです。したがって、改正法の施行後も、既存の手続である発信者情報の開示請求訴訟を利用することもできますし、裁判外で開示を請求することも可能です^(注)。

（注）　新たな裁判手続（非訟手続）と訴訟手続とを同時に利用できるかについては、Q36を参照。

Q36　同一の権利侵害投稿について、発信者情報開示請求訴訟の提起と発信者情報開示命令の申立てを同時に行うことはできますか。

A　特定電気通信による情報の流通によって自己の権利を侵害されたとする者は、その選択により、発信者情報開示請求訴訟を提起することも、第8条による発信者情報開示命令の申立てを行うこともできます。

　もっとも、発信者情報開示命令の申立てについての決定には、所定の期間内に異議の訴えが提起されなかった場合等には既判力が付与される（第14条第5項）ことから、民事訴訟法第142条（重複する訴えの提起の禁止）の趣旨からすると、同条の「裁判所に係属する事件」に当たるものと考えられます。

　したがって、同一の権利侵害投稿について、発信者情報開示請求訴訟の提起と発信者情報開示命令の申立てを同時に行うことはできないものと考えられます。具体的には、発信者情報開示命令の申立てを行った者は、当該申立てに係る開示命令事件が裁判所に係属する間は、別途、同一の発信者情報開示請求権に基づく発信者情報開示請求訴訟を提起することはできず、逆に、発信者情報開示請求訴訟の提起を行った者は、当該訴訟が裁判所に係属する間は、別途、同一の発信者情報開示請求権に基づく発信者情報開示命令の申立てをすることはできないものと考えられます[注]。

（注）　発信者情報開示請求については仮処分手続が用いられることもありますが、その決定には既判力がないため、発信者情報開示仮処分の申立ては、民事訴訟法第142条の「裁判所に係属する事件」に当たらないと考えられます。もっとも、同手続を利用するためには、保全の必要性など同手続に固有の要件を満たす必要があります。

Q37

新たに創設された発信者情報開示命令の申立てと発信者情報
開示請求訴訟について、どのように使い分けられると想定し
ているのですか。

A　　発信者情報開示命令（第8条）は、開示請求事案には、開示要件
の判断困難性や当事者対立性の高くない事案があることを踏まえ、
こうした事案に係る裁判の審理を簡易迅速に行うことができるようにするた
め、創設されたものです。したがって、このような事案においては、発信者
情報開示命令の申立てを利用することが想定されます。

　他方、事前にプロバイダから強く争う姿勢を示されたケースなど、裁判所
が開示命令を発したとしても異議の訴えが提起され訴訟に移行するとあらか
じめ見込まれるような事案については、開示請求をする者としては、開示命
令の手続を選択するとかえって審理期間が長期化する可能性があることを考
慮して、開示命令手続を選択せず、発信者情報開示請求訴訟を利用すること
が想定されます。

Q38 発信者情報開示命令の申立書の写しの交付方法は、どのようなものですか（第11条第1項）。

A 　　　開示命令の申立てがあった場合、裁判所は、申立てが不適法であるとき又は申立てに理由がないことが明らかなときを除き、その申立書の写しを相手方に「送付」しなければならない（第11条第1項）としています。

　申立書の写しについては、非訟事件手続法に定めがないところ、発信者情報開示命令事件の手続においては、当事者に対する必要的陳述聴取が定められている（第11条第3項）ため、相手方が自らの主張や資料を提出し、申立人の主張に対し反論をする機会を十分に保障するため、早期に事件の申立てがあったこと及び申立ての内容を知らせるべく、裁判所から送付することとしたものです。

　申立書の写しの交付方法としては、民事訴訟法における訴状の取扱い[注]と同様に、送達によることも考えられますが、開示命令事件の手続が迅速性を要求される手続であることを踏まえ、申立書の写しについては送付で足りることとしたものです。

　開示命令事件の相手方が、日本国内に拠点を有しない外国法人である場合、開示命令の相手方である外国法人が、「民事又は商事に関する裁判上及び裁判外の文書の外国における送達及び告知に関する条約」の締結国で同条約第10条aについて拒否宣言をしていない国、又は、「民事訴訟手続に関する条約」の締結国で同条約第6条第1号について拒否宣言をしていることが確認されていない国に所在するときは、国際スピード郵便（EMS）により送付することが考えられます。

　（注）　民事訴訟法第138条第1項。

Q39 発信者情報開示命令事件における**審理方法**（陳述の聴取の方法）としては、どのような方法が想定されていますか。

A 　裁判所が発信者情報開示命令の申立てについての決定をする場合、裁判所は、原則として、当事者の陳述を聴かなければなりません（必要的陳述の聴取。第11条第3項）[注1]。

これは、発信者情報開示命令事件は、被害者の権利回復の利益と発信者のプライバシー及び表現の自由、通信の秘密の調整を図るという性質上、当事者双方に攻撃防御の機会を十分に保障する必要があることを考慮したものです。

発信者情報開示命令事件の具体的な審理方法（陳述の聴取の方法）は、裁判所の裁量に委ねられており、審問期日を開かずに書面による陳述の聴取の方法をとることも可能です[注2]。

[注1]　提供命令事件及び消去禁止命令事件の手続においては、陳述の聴取は必要的とはされていません（Q81、Q90参照）。

[注2]　非訟事件手続における「陳述の聴取」とは、言語的表現による認識、意見、意向等の表明を受ける事実の調査の方法ですが、その方法には特に制限はなく、裁判官の審問（非訟事件手続法第11条1項4号等、非訟事件の手続の期日において裁判官に直接口頭で認識等を述べるのを聴く手続）によるほか、書面照会（例えば、当事者に対して、裁判所が尋ねたい事項を書面に記載して提出することを求めたり、質問事項を記載して回答を求めるもの）等の方法が考えられます（金子修編著『一問一答非訟事件手続法』（商事法務、2012年）17頁参照）。

Q40 発信者情報開示命令の申立てについての決定の告知方法は、どのようなものですか。

A 非訟事件手続法第56条第1項は、終局決定の告知方法として、「相当と認める方法」を定めています。これは、一律に送達によるべきものとした場合には、告知に時間を要し、非訟事件における簡易迅速な処理の要請に反する場合もあると考えられることから、「相当と認める方法」によることとし、具体的事案に応じた裁判所の適正な裁量に委ねることとしたものです（注1）。

　発信者情報開示命令の申立てについての決定（当該申立てを不適法として却下する決定を除く）の告知が異議の訴えの提起期間の始期となる（第14条第1項）ことからすると、その決定の告知方法としては、送達によることが相当とも考えられます。もっとも、一律に送達によるべきものとした場合には、告知に時間を要し、発信者情報開示命令事件における簡易迅速処理の要請に反する場合もあると考えられることから、非訟事件手続法の原則に従い、告知方法を「相当と認める方法」によるものとし、具体的事案に応じた裁判所の適正な裁量に委ねることとされました。

　したがって、発信者情報開示命令の申立てについての決定の告知方法については、新法に特則規定は設けられていないため、非訟事件手続法第56条第1項が適用され、「相当と認める方法」によることとなります（注2）。

（注1）　金子修編著『逐条解説非訟事件手続法』（商事法務、2015年）215頁。
（注2）　提供命令の申立て及び消去禁止命令の申立てについての決定は、終局決定以外の裁判に該当しますが（Q78、Q88）、これらの申立てについての簡易迅速処理の要請及び発信者情報開示命令の申立てについての決定の告知方法が「相当と認める方法」とされていることとのバランスから、「相当と認める方法」によることとしています（非訟事件手続法第62条第1項による同法第56条第1項の準用）。

（参考）
○非訟事件手続法
（終局決定の告知及び効力の発生等）
第五十六条　終局決定は、当事者及び利害関係参加人並びにこれらの者以外の裁判を受

ける者に対し、相当と認める方法で告知しなければならない。

2～5　（略）

Q41　発信者情報開示命令の申立てについての決定の効力が生じる時期は、いつですか。

A　発信者情報開示命令の申立てについての決定の効力は、その決定の告知^(注1)により、生じるものです（非訟事件手続法第56条第2項及び第3項）^(注2)。

この効力の発生時期について、非訟事件手続法第56条第2項及び第3項の特則として、決定の確定により効力が生じるとの規律を設けることも考えられます。しかし、それでは、異議の訴え（第14条第1項）を提起しない場合であっても、1月という異議の訴えの提起期間が経過するまで決定の効力が生じないこととなり、開示命令事件における迅速性の要請に欠ける結果となってしまいます。そこで、決定の告知によりその効力が生じるとの非訟事件手続法の原則によることとしたものです。

（注1）　決定の告知方法については、Q40参照。
（注2）　提供命令の申立て及び消去禁止命令の申立てについての決定は、終局決定以外の裁判に該当しますが（Q78、Q88）、これらの申立てについての簡易迅速処理の要請及び発信者情報開示命令の申立てについての決定の効力が告知により生じることとのバランスから、これらの決定の効力はその告知により生じることとしています（非訟事件手続法第62条第1項による同法第56条第2項及び第3項の準用）。

（参考）
○非訟事件手続法
（終局決定の告知及び効力の発生等）
第五十六条　（略）
2　終局決定（申立てを却下する決定を除く。）は、裁判を受ける者（裁判を受ける者が数人あるときは、そのうちの一人）に告知することによってその効力を生ずる。
3　申立てを却下する終局決定は、申立人に告知することによってその効力を生ずる。
4・5　（略）

（終局決定以外の裁判）
第六十二条　終局決定以外の非訟事件に関する裁判については、特別の定めがある場合を除き、第五十五条から第六十条まで（第五十七条第一項及び第五十九条第三項を除

く。）の規定を準用する。

2・3　（略）

Q42　発信者情報開示命令の申立てについての決定の裁判書の必要的記載事項について、「理由」ではなく「理由の要旨」で足りるとされたのはなぜですか。

A　発信者情報開示命令の申立てについての決定は、裁判書を作成してしなければなりません（非訟事件手続法第57条第1項本文）。この発信者情報開示命令の申立てについての決定の裁判書においては、「理由」ではなく「理由の要旨」を記載すれば足りることとしています。

　この点について、裁判書を作成して終局決定をする目的は、主として、当事者、利害関係参加人及び裁判を受ける者に対しては、終局決定の内容を正確に知らせ、不服申立てをすることのできる終局決定についてはこれを行うか否かを判断するために必要な情報を与えるとともに、上級審の裁判所に対しては、終局決定がいかなる理由によりされたものであるかを明らかにすることにある（注1）ことからすると、「理由」の記載を必要とすることも考えられます。

　しかしながら、一律に「理由」の記載を必要としたのでは、裁判書の作成に時間を要し、発信者情報開示命令事件における簡易迅速処理の要請にそぐわない場合もある（注2）と考えられます。

　そこで、新法では、裁判書の必要的記載事項として「理由の要旨」を定める非訟事件手続法第57条第2項第2号の特則は設けておらず、これにより、発信者情報開示命令の申立てについての決定の裁判書においては、「理由の要旨」を記載すれば足りることとしています（注3）。

　この「理由の要旨」の具体的記載方法については、個々の事情を踏まえた上で、裁判所において適切な運用がなされることが期待されます。

（注1）金子修編著『逐条解説非訟事件手続法』（商事法務、2015年）220頁以下。

（注2）例えば、権利侵害が明白であり、当事者間に争いがないなど争訟性が低い事案についてまで一律に「理由」の記載を求めたのでは、裁判書の作成に時間を要してしまい、発信者情報開示命令事件についての簡易迅速処理の要請にそぐわない結果となることが考えられます。

（注3）　提供命令の申立て及び消去禁止命令の申立てについての決定（終局決定以外の裁判）の裁判書を作成する場合の記載事項についても、「理由の要旨」で足りる

こととなります（非訟事件手続法第62条第1項による同法第57条第2項の準
用）。これは、開示命令の申立てについての決定の裁判書において「理由の要旨」
の記載で足りるとされているところ、開示命令事件よりも簡易迅速性の要請が強
い提供命令及び消去禁止命令の申立てについての決定の裁判書において「理由」
の記載を求める理由がないからです。

（参考）

○非訟事件手続法

（終局決定の方式及び裁判書）

第五十七条　終局決定は、裁判書を作成してしなければならない。ただし、即時抗告を
することができない決定については、非訟事件の申立書又は調書に主文を記載するこ
とをもって、裁判書の作成に代えることができる。

2　終局決定の裁判書には、次に掲げる事項を記載しなければならない。

　一　主文

　二　理由の要旨

　三　当事者及び法定代理人

　四　裁判所

Q43　発信者情報開示命令の申立てについての決定に対する不服申立て方法は、どのようなものですか。

A　発信者情報開示命令の申立てについての決定（終局決定）に対する不服申立て方法としては、異議の訴えが設けられています（第14条第1項）^(注)。

（注）　異議の訴えの概要については、Q67参照。

Q44　発信者情報開示命令の実効性は、どのように担保されていますか。

A　　開示を命じる旨の決定を受けた開示関係役務提供者がその内容を
任意に履行しない場合、申立人としては、当該決定を債務名義^(注)
とする強制執行手続（間接強制）により、決定の内容の実現を求めることが
考えられます。

　（注）　開示命令の申立てについての決定に対しては、異議の訴えによってのみ不服申立
　　　てができることから、民事執行法が規定する債務名義のうち、「抗告によらなけれ
　　　ば不服を申し立てることができない裁判」（同法第22条第3号）には該当せず、
　　　「確定判決と同一の効力を有するもの（第三号に掲げる裁判を除く。）」（同条第7
　　　号）に該当するものと考えられます。

（参考）
○民事執行法
　（債務名義）
第二十二条　強制執行は、次に掲げるもの（以下「債務名義」という。）により行う。
一・二　（略）
三　抗告によらなければ不服を申し立てることができない裁判（確定しなければその効
　力を生じない裁判にあつては、確定したものに限る。）
三の二〜六の二　（略）
七　確定判決と同一の効力を有するもの（第三号に掲げる裁判を除く。）

第2　第9条関係（日本の裁判所の管轄権）

Q45　新法において国際裁判管轄の規定が設けられたのは、なぜですか（第9条）。

A　開示命令事件の手続に適用される非訟事件手続法第2編には、国際裁判管轄[注1]の規定がないため、かかる規定を設けるべきか否かが問題となります。

　仮に国際裁判管轄の規定を設けないとした場合には、国際裁判管轄の有無は解釈に委ねられることになりますが[注2]、それではどのような場合に日本の裁判所に管轄権が認められるのか不明確となってしまい、当事者の予測可能性や法的安定性を害するとともに、審理の結果管轄権がないとの結論に至った場合には、移送の規定がないために裁判所は申立てを却下せざるを得ず、手続経済にも反する結果となってしまいます。とくに、発信者情報開示命令事件は、海外の事業者を相手方とするなど渉外的要素を含むものが多いことから、国際裁判管轄の規律を設けることで、いかなる場合に日本の裁判所に同事件の申立てをできるのか（又は申立てをされるのか）をあらかじめ明確にする必要性が高いといえます。

　また、民事訴訟法及び民事保全法の一部を改正する法律（平成23年法律第36号）により、財産権上の訴えについては国際裁判管轄の規律[注3]が設けられ、同法の施行から約10年間の蓄積により、発信者情報開示請求訴訟及び発信者情報開示仮処分の申立ての国際裁判管轄が民事訴訟法及び民事保全法に基づいて処理されているという実務が確立していることからも、民事訴訟法と同程度の規律を設けることが適当と考えられます。

　これらの事情から、新法においては、国際裁判管轄の規定を設けることとしたものです。

（注1）　国際裁判管轄とは、国際的な要素を有する紛争について、どの国の裁判所がその紛争に係る事件について審理・裁判をすることができるかという問題です。
（注2）　財産権上の訴え及び保全命令については、民事訴訟法及び民事保全法の一部を

改正する法律（平成23年法律第36号）によって国際裁判管轄に関する明文規定が設けられましたが、例えば、同法による改正前においては、「我が国の民訴法の規定する裁判籍のいずれかが我が国内にあるときは、原則として、我が国の裁判所に提起された訴訟事件につき、被告を我が国の裁判権に服させるのが相当であるが、我が国で裁判を行うことが当事者間の公平、裁判の適正・迅速を期するという理念に反する特段の事情があると認められる場合には、我が国の国際裁判管轄を否定すべきである」（最判平成9年11月11日民集51巻10号4055頁）等の裁判例がありました。

（注3）　民事訴訟法第3条の2以下、民事保全法第11条。

Q46 発信者情報開示命令の申立てに関する国際裁判管轄は、どのようなものですか（第9条）。

A　発信者情報開示命令の申立てについて日本の裁判所に管轄権が認められるのは、①相手方の主たる事務所又は営業所が日本国内にあるとき（第9条第1項第2号イ）、②これらが日本国内にない場合において、ⅰ相手方の事務所又は営業所が日本国内にあり、発信者情報開示命令の申立てが当該事務所又は営業所における業務に関するものであるとき（同号ロ(1)）、ⅱ相手方の事務所等が日本国内にない又はそれらの所在地が知れず、代表者その他の主たる業務担当者の住所が日本国内にあるとき（同号ロ(2)）です。

　また、これら①及び②に該当しない場合であっても、③相手方が日本において事業を行う者であり、その申立てが相手方の日本における業務に関するものであるときには、日本の裁判所に管轄権が認められます（同項第3号）。

　さらに、日本において裁判を行う旨の当事者間の合意がある場合にも、日本の裁判所に管轄権が認められます（同条第2項から第5項まで）。

　なお、諸事情を勘案して、日本の裁判所が審理及び裁判をすることが当事者間の衡平を害し、又は適正かつ迅速な審理の実現を妨げることとなる特別の事情があると認めるときは、裁判所は、申立ての全部又は一部を却下することもできます（同条第6項）。

（参考）

国際裁判管轄① <small>（第9条第1項・第2項）</small>

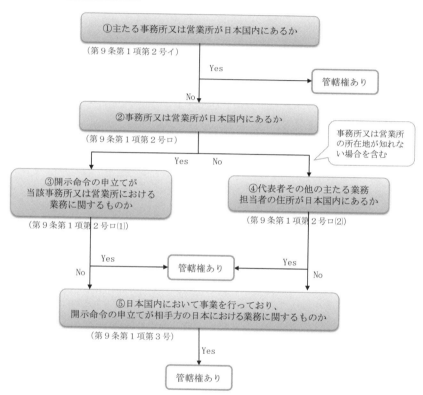

※　上記のほか、合意に基づく管轄権も認められる（第9条第2項）。

国際裁判管轄② （第9条第1項・第2項）

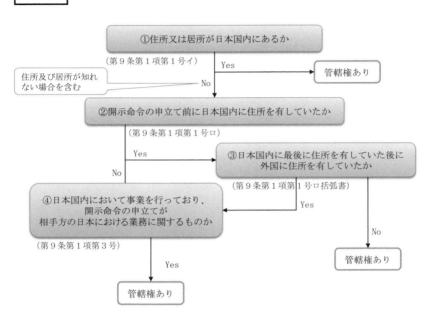

※1　上記のほか、合意に基づく管轄権も認められる（新法第9条第2項）。
※2　大使等外国に在ってその国の裁判権からの免除を享有する日本人を相手方とするときも、管轄権が認められる（第9条第1項第1号ハ）。

Q47 提供命令事件及び消去禁止命令事件の国際裁判管轄は、どのように決まりますか。

A 提供命令及び消去禁止命令は、開示命令事件を本案とする付随的事項に関する特殊保全処分です。

このような関係性から、提供命令事件及び消去禁止命令事件の国際裁判管轄は、開示命令事件の管轄に従うことになります。具体的には、開示命令事件について日本の裁判所の管轄権が認められる場合に、提供命令事件及び消去禁止命令事件の管轄権が認められます。

Q48　国際裁判管轄に関する規定と国内土地管轄に関する規定との関係は、どのようなものですか（第9条及び第10条）。

A　国際裁判管轄に関する規定は、発信者情報開示命令の申立てについて、どのような場合に我が国の裁判所が管轄権を有するかを定めるものであることから、国際的要素を有する事件のみならず、かかる要素を有しない事件にも適用されるものと考えられます[注]。

他方、国内土地管轄に関する規定は、我が国の裁判所が管轄権を有することを前提に適用されるものであり、日本国内のいずれの裁判所が管轄裁判所となるかを定めるものです。

（注）　他方で、発信者情報開示命令の申立ての相手方が日本法人であって、その提供しているサービスが日本国内向けサービスであるなど、国際的要素を有しない事件である場合には、日本の裁判所の管轄権が否定されることは考えがたいことから、国際裁判管轄の有無が問題となるのは、相手方が外国法人である場合等、国際的要素を有する事件であると考えられます。

Q49　「日本において事業を行う者（中略）を相手方とする場合において、申立てが当該相手方の日本における業務に関するものであるとき」とは、どのような場合を想定していますか（第9条第1項第3号）。

A　日本国内に事務所又は営業所を有さず、かつ、日本における代表者を定めていない外国の事業者が日本向けに提供するＳＮＳにおいて特定個人の名誉を毀損する投稿がなされた場合は、「日本において事業を行う者（中略）を相手方とする場合において、申立てが当該相手方の日本における業務に関するものであるとき」に該当するものと考えられます。

これは、民事訴訟法にも同様の規律が設けられているところ（同法第3条の3第5号）、発信者情報開示命令の申立てについても上記のような場合には日本の裁判所に管轄権が認められるのが相当であることから、第9条第1項第3号の規定を設けることとしたものです[注]。

（参考）
○民事訴訟法
　（契約上の債務に関する訴え等の管轄権）
第三条の三　次の各号に掲げる訴えは、それぞれ当該各号に定めるときは、日本の裁判所に提起することができる。
一～四　（略）
五　日本において事業を行う者（日本において取引を継続してする外国会社（会社法（平成十七年法律第八十六号）第二条第二号に規定する外国会社をいう。）を含む。）に対する訴え　　当該訴えがその者の日本における業務に関するものであるとき。
六～十三　（略）

Q50　国際裁判管轄に関する合意管轄が生じる要件として、「一定の法律関係に基づく申立てに関し」といった要件が明記されていない理由を教えて下さい（第9条第3項）。

A　第9条第3項において、民事訴訟法第3条の7第2項に相当する規定を設けながら、同項に規定する「一定の法律関係に基づく訴えに関し」という要件と同様の要件を設けていないのは、新法の下における開示命令事件の申立てが「一定の法律関係に基づく」申立てであることが明らかであることから、敢えて明示的に設ける必要がないとの考慮によるものです。したがって、国際裁判管轄に関する合意管轄が生じる前提として、当該合意が「一定の法律関係に基づく」申立てに関するものであることは必要です。

（参考）
○民事訴訟法
（管轄権に関する合意）
第三条の七　当事者は、合意により、いずれの国の裁判所に訴えを提起することができるかについて定めることができる。
2　前項の合意は、一定の法律関係に基づく訴えに関し、かつ、書面でしなければ、その効力を生じない。
3〜6　（略）

Q51　裁判所が国際裁判管轄に関して職権証拠調べをすることができる旨の規定が設けられていない理由を教えて下さい。

A　非訟事件手続法の規定により、裁判所は、日本の裁判所の管轄権に関する事項について職権で証拠調べをすることができるためです（非訟事件手続第 49 条第 1 項）。

Q52 国際裁判管轄に関し、民事訴訟法における応訴管轄の規定に相当する規定が設けられていない理由を教えて下さい。

A 発信者情報開示命令の申立てに関する国際裁判管轄については、民事訴訟法第3条の8に規定する応訴管轄に相当する規定は設けられていません。

　これは、応訴管轄の規定を設けた場合、①開示命令事件の管轄を有しない裁判所に開示命令の申立てがされたとしても、相手方の態度によっては管轄が認められる可能性がある以上、移送の前に相手方に申立書を送付して、その態度を待つといった配慮が必要となりますが、それでは手続が遅延しかねず迅速性の要請に反すること、②民事訴訟では、管轄違いの抗弁を提出しないで本案について弁論をしたこと等により「応訴」したものとなりますが、期日を開くことが必要的でない開示命令事件においては同様の概念を用いることができず、他法の非訟事件にも「応訴管轄」を定めている例はないこと、を考慮したものです^(注)。

　(注)　国内裁判管轄においても、同様の理由から、応訴管轄に相当する規定は設けていません（Q63参照）。

（参考）
○民事訴訟法
（応訴による管轄権）
第三条の八　被告が日本の裁判所が管轄権を有しない旨の抗弁を提出しないで本案について弁論をし、又は弁論準備手続において申述をしたときは、裁判所は、管轄権を有する。

第3　第10条関係（管轄）

Q53　発信者情報開示命令の申立てに関する国内裁判管轄は、どのようなものですか（第10条）。

A　発信者情報開示命令の申立てに関する国内裁判管轄は、①ⅰ相手方の主たる事務所又は営業所の所在地を管轄する地方裁判所（第10条第1項第3号イ）及びⅱ発信者情報開示命令の申立てが相手方の事務所又は営業所における業務に関するものであるときは、当該事務所又は営業所の所在地を管轄する地方裁判所（同号ロ）、ⅲこれらの事務所等が日本国内にないときは、代表者その他の主たる業務担当者の住所の所在地を管轄する地方裁判所（同号柱書括弧書）、ⅳこれらのいずれもないために管轄裁判所が定まらないときは、最高裁判所規則で定める地を管轄する地方裁判所の管轄に属するものとされています（同条第2項）。

　このような相手方の所在地等に着目した原則的な管轄原因のほか、②相手方の所在地が東日本の場合には東京地方裁判所、西日本の場合には大阪地方裁判所にも裁判管轄（競合管轄）が認められています（同条第3項）^{（注）}。

　これらのほか、③当事者間の合意により発信者情報開示命令の申立てを管轄する地方裁判所を定めることも認められています（同条第4項）。

　なお、提供命令を活用して、その申立ての相手方から他の開示関係役務提供者の氏名等情報の提供を受けた場合において、当該他の開示関係役務提供者に対して開示命令の申立てをするときには、上記の各規定にかかわらず、先行する開示命令事件が係属する裁判所の管轄に専属することとなります（同条第7項）。

　以上の規定を踏まえて、申立人の選択により、国内裁判管轄が定まることとなります。

（注）　特許権、実用新案権、回路配置利用権又はプログラムの著作物についての著作者の権利の侵害を理由とする発信者情報開示命令の申立て等については、東京地方裁判所又は大阪地方裁判所の専属管轄となります（第10条第5項及び第6項）。

（参考）

原則的な国内土地管轄① <small>（第10条第1項〜第4項）</small>

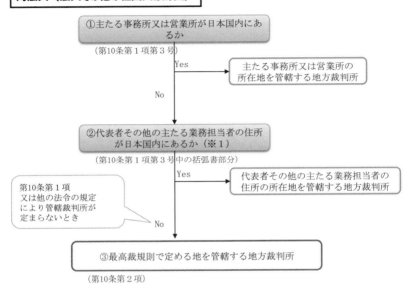

対法人（法人その他の社団又は財団）

①主たる事務所又は営業所が日本国内にあるか

（第10条第1項第3号）

Yes → 主たる事務所又は営業所の所在地を管轄する地方裁判所

No ↓

②代表者その他の主たる業務担当者の住所が日本国内にあるか（※1）

（第10条第1項第3号中の括弧書部分）

Yes → 代表者その他の主たる業務担当者の住所の所在地を管轄する地方裁判所

第10条第1項又は他の法令の規定により管轄裁判所が定まらないとき

No ↓

③最高裁規則で定める地を管轄する地方裁判所

（第10条第2項）

※1　申立てが国内にある事務所又は営業所における業務に関するものでないときであることが必要。事務所又は営業所が日本国内にある場合において、開示命令の申立てが当該事務所又は営業所における業務に関するものであるときは、当該事務所又は営業所の所在地を管轄する地方裁判所にも管轄が認められる（第10条第1項第3号ロ）。

※2　上記のほか、合意による管轄も認められる（第10条第4項）。

原則的な国内土地管轄② （第10条第1項～第4項）

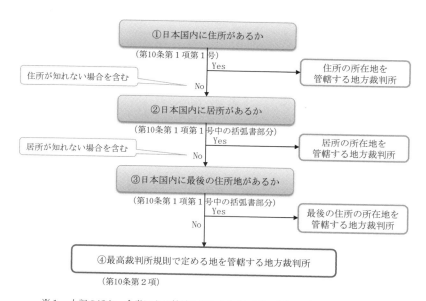

対自然人

- ①日本国内に住所があるか
  （第10条第1項第1号）
  - Yes → 住所の所在地を管轄する地方裁判所
  - No（住所が知れない場合を含む）
- ②日本国内に居所があるか
  （第10条第1項第1号中の括弧書部分）
  - Yes → 居所の所在地を管轄する地方裁判所
  - No（居所が知れない場合を含む）
- ③日本国内に最後の住所地があるか
  （第10条第1項第1号中の括弧書部分）
  - Yes → 最後の住所の所在地を管轄する地方裁判所
  - No
- ④最高裁判所規則で定める地を管轄する地方裁判所
  （第10条第2項）

※1　上記のほか、合意による管轄も認められる（第10条第4項）。
※2　大使等外国に在ってその国の裁判権からの免除を享有する日本人を相手方とする場合、③でNoのとき、最高裁判所規則で定める地を管轄する地方裁判所の管轄に属する（第10条第1項第2号）。

Q54　発信者情報開示命令の申立てに関する事物管轄に関する規定は、どのようなものですか。

A　発信者情報開示命令の申立てをすることができる裁判所は「地方裁判所」とされており、簡易裁判所に対して開示命令の申立てをすることはできません（第10条第1項から第6項まで）。

　これは、開示命令事件が表現の自由に関わるものであるほか、その内容が複雑であり、要件該当性の判断が必ずしも容易ではない場合も存在するなど一定の専門性を要することを考慮して、地方裁判所で取り扱うこととしたものです。

Q55 提供命令の申立て及び消去禁止命令の申立ての国内裁判管轄は、どのように決まりますか。

A 提供命令の申立て及び消去禁止命令の申立てについては、これらの申立てをすることができる裁判所が「本案の発信者情報開示命令事件が係属する裁判所」（第 15 条第 1 項柱書及び第 16 条第 1 項）と規定されていることからも明らかなとおり、開示命令事件が係属する裁判所の管轄に属することとなります。

　これは、提供命令及び消去禁止命令が開示命令事件を本案とする付随的事項に関する保全処分であることのほか、提供命令及び消去禁止命令については迅速処理が特に要請されるところ、その要請を果たすためには、開示命令事件の係属している裁判所が取り扱うことがもっとも合理的であるためです。

Q56　東京地方裁判所又は大阪地方裁判所にも管轄を認める旨の競合管轄の規定が設けられた趣旨を教えて下さい（第10条第3項）。

A　発信者情報開示命令の申立てに関する国内土地管轄については、相手方の所在地等を管轄する裁判所のほか（第10条第1項及び第2項）、相手方の所在地が東日本の場合には東京地方裁判所、西日本の場合には大阪地方裁判所にも裁判管轄が認められる旨の競合管轄の規定が設けられています（同条第3項）[注]。

　これは、開示命令事件について充実した審理を迅速に行うためには、裁判所に同種事件についての実務経験の蓄積があり、事件処理のための体制も整っていることが望ましいところ、現状では、多くの発信者情報開示仮処分及び発信者情報開示請求訴訟が東京地方裁判所又は大阪地方裁判所において処理されており、両地方裁判所が特段の知見を有していると考えられることから、競合管轄を認めたものです。

　（注）　例えば、千葉市に所在するプロバイダが開示命令の申立ての相手方である場合、千葉地方裁判所に加えて、東京地方裁判所も管轄裁判所となります。これにより、当該申立てをしようとする者は、いずれの裁判所に開示命令の申立てをするかを選択することが可能となります。

Q57　国内裁判管轄に関する合意管轄の要件として、「一定の法律関係に基づく申立てに関し」などといった要件が明記されていない理由を教えて下さい（第10条第4項）。

A　第10条第4項において、民事訴訟法第11条に相当する規定を設けながら、同条に規定する「一定の法律関係に基づく訴えに関し」という要件と同様の要件を設けていないのは、新法の下における開示命令事件の申立てが「一定の法律関係に基づく」申立てであることが明らかであることから、敢えて明示的に設ける必要がないとの考慮によるものです。したがって、当該合意が「一定の法律関係に基づく」申立てに関するものであることは必要です。

（参考）
○民事訴訟法
（管轄の合意）
第十一条　当事者は、第一審に限り、合意により管轄裁判所を定めることができる。
2　前項の合意は、一定の法律関係に基づく訴えに関し、かつ、書面でしなければ、その効力を生じない。
3　第一項の合意がその内容を記録した電磁的記録によってされたときは、その合意は、書面によってされたものとみなして、前項の規定を適用する。

Q58　特許権、実用新案権、回路配置利用権又はプログラムの著作権の侵害を理由とする発信者情報開示命令の申立ての国内裁判管轄について教えて下さい（第10条第5項）。

A　特許権、実用新案権、回路配置利用権又はプログラムの著作権（以下「特許権等」といいます。）の侵害を理由とする発信者情報開示命令の申立ての国内裁判管轄については、東京地方裁判所又は大阪地方裁判所の専属管轄となります（第10条第5項）。

　具体的には、相手方の所在地等に着目した原則的な管轄原因等や合意管轄の規定により（同条第1項から第4項まで）、東日本に所在する裁判所が管轄権を有することとなる場合には東京地方裁判所、西日本に所在する裁判所が管轄権を有することとなる場合には大阪地方裁判所の管轄に専属することとなります。

　これは、特許権等に関する申立ては専門技術的な要素が特に強く、その審理には高度の自然科学の知識が必要となることが多いので、充実した審理を迅速に行うためには、同種事件についての蓄積があり、事件処理のための体制も整っている裁判所の専属管轄とすることが望ましいという考慮によるものです。

　このほか、特許権等の侵害についての開示命令事件に関し大阪地方裁判所がした決定に対する即時抗告は、大阪高等裁判所ではなく、東京高等裁判所の専属管轄となります（同条第6項）。

Q59 被害者住所地を管轄する地方裁判所を発信者情報開示命令の申立ての管轄裁判所としなかった理由を教えて下さい。

A 　新法における国内裁判管轄の規定は、相当な準備をして申立てをする被害者と不意に申立てを受ける相手方との立場の相違を、相手方の営業所等の所在地に申立てをさせることによって調整を図ったものであり、「原告は被告の法廷に従う」という民事訴訟法の原則に基づいて管轄原因を設定したものです。

　もっとも、開示命令事件における審理方法は「陳述の聴取」(注)であり、裁判所は、手続の審問期日を開かずに、書面による審理結果に基づき開示・不開示の判断を行うことも制度上は可能です。

　また、当事者が遠隔の地に居住している場合などには、当事者の意見を聴いた上で、当事者双方が音声の送受信により同時に通話をすることができる方法によって手続期日を開くことも可能となっています（非訟事件手続法第47条）。

　（注）　発信者情報開示命令事件の審理方法については、Q39を参照。

Q60　提供命令を利用した場合における専属管轄の規定は、典型的にはどのような場合を想定しているのでしょうか（第10条第7項）。

A　権利を侵害されたとする者がＳＮＳ事業者等のコンテンツプロバイダに対して発信者情報開示命令及び提供命令の申立てを行った場合、裁判所としては、まず、提供命令の要件該当性^{（注1）}を審理した上で、同命令を発令することが想定されます（提供命令の具体的内容についてはQ76参照）。

　この提供命令を受けたコンテンツプロバイダは、自らが保有する権利侵害投稿に付随するＩＰアドレス等を用いて当該投稿を媒介した他の開示関係役務提供者である経由プロバイダの名称等を特定し、当該名称等を提供命令の申立人に対して提供することとなります。

　これを受けて、申立人は、その名称等の提供を受けた経由プロバイダに対する開示命令の申立てを行うこととなりますが、この申立ては、コンテンツプロバイダに対する開示命令事件が係属する裁判所に専属します（第10条第7項）。

　このように、提供命令を利用した場合、コンテンツプロバイダ及び経由プロバイダに対する開示命令の申立ては、同一の裁判所に係属することから、一体的な手続が実現されることとなります^{（注2）}。

（注1）　提供命令は、「侵害情報の発信者を特定できなくなることを防止する必要性」という開示命令よりも緩やかな要件により、迅速に発令することが可能となっています（第15条第1項）。

（注2）　新法における国内裁判管轄の原則的な規定によると、例えば、東京都に本店を有するコンテンツプロバイダに対する開示命令の申立てについては東京地方裁判所が管轄裁判所となるのに対し、大阪府に本店を有する経由プロバイダに対する開示命令の申立ては大阪地方裁判所が管轄裁判所となると想定されます（第10条第1項）。ここで、提供命令を利用した場合には、経由プロバイダに対する開示命令の申立ては先行するコンテンツプロバイダに対する開示命令の申立てが係属する裁判所に専属する旨の規定を設けることにより、一体的な手続を実現可能としたものです（第10条第7項）。

Q61 国内裁判管轄について、管轄の有無を判断する標準時に関する規定が設けられていない理由を教えて下さい。

A 新法において国内裁判管轄の有無を判断する標準時を定める規定を設けていないのは、非訟事件手続法に管轄の標準時を定める規定が存在することから（同法第9条）、当該規定を設ける必要がないためです(注)。

(注)　非訟事件手続法には国際裁判管轄の規律が定められていないことから、新法には、国際裁判管轄の有無を判断する標準時に関する規定を設けています（第9条第7項）。

(参考)
○非訟事件手続法
（管轄の標準時）
第九条　裁判所の管轄は、非訟事件の申立てがあった時又は裁判所が職権で非訟事件の手続を開始した時を標準として定める。

Q62 裁判所が国内裁判管轄に関して職権証拠調べをすることができる旨の規定が設けられていない理由を教えて下さい。

A　非訟事件手続法の規定により、裁判所は、国内裁判管轄に関する事項について職権で証拠調べをすることができるためです（非訟事件手続法第49条第1項）。

Q63 国内裁判管轄に関し、民事訴訟の応訴管轄に相当する規定が設けられていない理由を教えて下さい。

A　発信者情報開示命令の申立てに関する国内裁判管轄については、民事訴訟法第12条に規定する応訴管轄に相当する規定は設けられていません。

　これは、応訴管轄の規定を設けた場合、①開示命令事件の管轄を有しない裁判所に開示命令の申立てがされたとしても、相手方の態度によっては管轄が認められる可能性がある以上、移送前に相手方に申立書を送付して、その態度を待つといった配慮が必要となりますが、それでは手続が遅延しかねず迅速性の要請に反すること、②民事訴訟法では、管轄違いの抗弁を提出しないで本案について弁論をしたこと等により「応訴」したものとなりますが、期日を開くことが必要的でない開示命令事件においては同様の概念を用いることができないこと、を考慮したものです^{（注1）（注2）}。

（注1）　開示命令事件における審理方法については、Q39参照。
（注2）　国際裁判管轄についても、同様の理由から、応訴管轄の規定は設けていません（Q52参照）。

（参考）
○民事訴訟法
（応訴管轄）
第十二条　被告が第一審裁判所において管轄違いの抗弁を提出しないで本案について弁論をし、又は弁論準備手続において申述をしたときは、その裁判所は、管轄権を有する。

第 4　第 12 条関係（発信者情報開示命令事件の記録の閲覧等）

Q64　事件記録の閲覧等に関する規律は、どのようなものですか（第 12 条）。

A　非訟事件手続法第 32 条第 1 項は、当事者及び利害関係を疎明した第三者は、裁判所の許可を得た上で、非訟事件の記録の閲覧等を請求することができる旨を規定しています。

　他方で、新法では、この非訟事件手続法第 32 条の規定の特則として、開示命令事件の事件記録の閲覧等について規定を設けています（第 12 条）。

　これは、開示命令事件の争訟性、私益性の高さを踏まえ、当事者及び利害関係を疎明した第三者は、裁判所の許可を要せずに事件記録の閲覧等を請求できることとしたものです（第 12 条）。

Q65 第三者が事件記録の閲覧等を請求することができる「利害関係」のある場合とは、典型的にはどのような場合を指すのですか（第12条第1項及び第2項）。

A 　第12条第1項及び第2項に規定する「利害関係」とは、法律上の利害関係を指しています。この「利害関係」を有する第三者とは、典型的には、発信者のほか、開示関係役務提供者から第6条第1項の規定による意見聴取を受けた者[注]などが想定されます。これは、これらの者は、開示命令が発令された場合、開示命令の申立人から損害賠償請求等を受けることが想定され、開示命令事件について法律上の利害関係を有すると考えられるからです。

（注）　例えば世帯主がインターネット回線の契約者であるところ、権利侵害投稿を行った発信者が当該世帯に属する世帯主以外の者である場合には、発信者と意見聴取を受けた者とは同一人ではないこととなります。

第5　第13条関係（発信者情報開示命令の申立ての取下げ）

Q66　発信者情報開示命令の申立ての取下げに関する規律の概要は、どのようなものですか（第13条）。

A　第13条第1項は、非訟事件手続法第63条第1項（非訟事件の申立ての取下げ）の特則として、開示命令の申立ては、終局決定（開示命令の申立てについての決定）が確定するまで取り下げることができることを原則としつつ、一定の場合(注)には、相手方の同意を得なければ取下げの効力を生じないとするものです。

また、同条第2項は裁判所が開示命令の申立ての取下げがあったことを相手方に通知しなければならない場合を、同条第3項は当該通知を受けた相手方が一定の期間内に異議を述べないときは当該相手方が開示命令の申立ての取下げに同意したと擬制されることを、それぞれ定めています。

(注)　①当該開示命令の申立てについての決定があった場合（第13条第1項第1号）又は②当該開示命令の申立てに係る開示命令事件を本案とする提供命令が発令された場合（同項第2号）。

（参考）
○非訟事件手続法
（非訟事件の申立ての取下げ）
第六十三条　非訟事件の申立人は、終局決定が確定するまで、申立ての全部又は一部を取り下げることができる。この場合において、終局決定がされた後は、裁判所の許可を得なければならない。
　2　（略）

第6　第14条関係（発信者情報開示命令の申立てについての決定に対する異議の訴え）

Q67　異議の訴えとは、どのようなものですか。

A　異議の訴えとは、開示命令の申立てについての決定（当該申立てを不適法として却下する決定を除く。）^(注1)に不服がある当事者が、当該決定の当否を争うために提起することができる訴えのことです（第14条第1項）。

この異議の訴えは民事訴訟であることから、原則として民事訴訟法の規律が妥当しますが、第14条第2項以下に異議の訴えに係る専属管轄の定め等の民事訴訟法の特則等が設けられています。また、異議の訴えの提起期間（1月）が満了するまでは開示命令の申立てについての決定は確定せず、その確定は異議の訴えの提起により遮断されることとなります^(注2)。

（注1）　異議の訴えの対象となる「決定」についてはQ68参照。
（注2）　開示命令の申立てについての決定に不服がある当事者からすると、当該決定の告知を受けた日から1月の不変期間内に異議の訴えを提起する必要があります（第14条第1項）。

Q68　「発信者情報開示命令の申立てについての決定」に不服がある当事者は異議の訴えを提起することができるとのことですが、ここでいう「決定」とはどのようなものですか（第14条第1項）。

A　当事者が不服がある場合に異議の訴えを提起することができる「開示命令の申立てについての決定」とは、終局決定のうち、開示命令の申立てについての裁判所の判断であり、民事訴訟における「本案判決」に相当するものを意味します(注1)。

　例えば、裁判所が開示命令の申立てを不適法として却下決定を行った場合、当該決定は「本案判決」には相当せず、異議の訴えを提起することはできません(注2)。第14条第1項括弧書（「当該申立てを不適法として却下する決定を除く。」）は、この点を明確にしたものです。

(注1)　民事訴訟手続とは異なり、非訟事件手続では、棄却（請求の当否について判断するもの）と却下（訴訟要件を欠くと判断するもの）とを区別していないため、非訟事件手続における却下決定には実体判断を行うものとそうでないものとが含まれます。

(注2)　申立てを不適法として却下する決定について異議の訴えを提起することはできませんが（第14条第1項括弧書）、当該決定も終局決定には該当することから、即時抗告をすることができます（非訟事件手続法第66条第1項及び第2項）。

Q69　異議の訴えを提起することができる「発信者情報開示命令の申立てについての決定」について、非訟事件手続法に規定する即時抗告をすることもできるのですか（第14条第1項）。

A　開示命令の申立てについての決定（申立てを不適法却下する旨の決定を除く。）に対する不服申立ての方法等については、非訟事件手続法第2編第4章第1節「終局決定に対する不服申立て」に規定されていますが、第14条は、この非訟事件手続法の規定の特則として、異議の訴えを創設するものです。

　したがって、開示命令の申立てについての決定について、異議の訴えの提起とは別に、非訟事件手続法の規定による不服申立て（即時抗告等）をすることはできません。

Q70　異議の訴えの提起期間を教えて下さい（第 14 条第 1 項）。

A　発信者情報開示命令の申立てについての決定（当該申立てを不適法として却下する決定を除く。）の告知を受けた日から 1 月の不変期間内に、異議の訴えを提起することが必要です（第 14 条第 1 項）。

Q71　異議の訴えの管轄について教えて下さい（第14条第2項）。

A　異議の訴えは、「発信者情報開示命令事件の申立てについての決定」を行った裁判所の管轄に専属することとなります（第14条第2項）。

　例えば、東京地方裁判所が、東京都に本店を有するコンテンツプロバイダAを相手方とする開示命令事件と大阪府に本店を有する経由プロバイダBを相手方とする開示命令事件の手続を併合して審理し、その申立てを却下する決定をした場合に、申立人が異議の訴えを提起するときは、本来、民事訴訟法第4条の規定によれば、東京地方裁判所（対コンテンツプロバイダA）と大阪地方裁判所（対経由プロバイダB）という別々の裁判所に訴訟手続が係属することとなります。

　しかし、同一の侵害情報についての不服申立てであることから、別々の裁判所が審理・判断をするのではなく、同一の裁判所が審理・判断をすることが訴訟経済の要請に適うといえます。そこで、この例では、東京地方裁判所が「発信者情報開示命令事件の申立てについての決定」をしたことから、これについての異議の訴えは東京地方裁判所の管轄に専属することとしたものです(注)。

（注）　提供命令を利用して開示関係役務提供者Aから他の開示関係役務提供者Bの氏名等情報の提供を受けた場合、当該他の開示関係役務提供者Bを相手方とする開示命令の申立ては、先行する開示関係役務提供者Aを相手方とする開示命令事件が係属する裁判所の専属管轄となります（第10条第7項）。

Q72　異議の訴えの判決内容である「認可」「変更」「取り消す」とは、具体的にはどのようなものですか（第14条第3項）。

A　第14条第3項では、異議の訴えの判決内容について、訴えを不適法として却下する場合を除き、開示命令の申立てについての決定を認可し、変更し、又は取り消すものとしています。

　ここで「認可」とは、開示命令の申立てについての決定を妥当と判断した場合になされるものであるのに対し、「取り消す」とは、当該決定の全部を不当と判断した場合になされるものです。また、「変更」とは、当該決定の一部を不当と判断した場合になされるものです。

Q73 発信者情報開示命令の申立てについての決定には、どのような効力があるのですか（第14条第5項）。

A 　裁判所による発信者情報開示命令の申立てについての決定^(注1)について異議の訴えが提起されなかったとき、又は却下されたときは、当該決定は「確定判決と同一の効力」を有します（第14条第5項）。具体的には、既判力のほか、当該決定が発信者情報の開示を命じるものであれば執行力も有します。

　これは、終局決定の効力の発生等を定める非訟事件手続法第56条第2項が、「終局決定（申立てを却下する決定を除く。）は（中略）告知することによってその効力を生ずる」^(注2)と規定しているところ、その具体的効力を明らかにしたものです。

（注1）　この決定は第14条第1項に規定する決定であることから、開示命令の申立てを不適法却下する旨の決定は除かれます。

（注2）　「効力を生ずる」（非訟事件手続法第56条第2項）とは、その内容に応じた効力（形成力、執行力等）が発生することを意味するものとされており（金子修編著『逐条解説非訟事件手続法』（商事法務、2015年）215頁以下）、開示命令を受けた開示関係役務提供者は、所定の発信者情報についての開示義務を負うことになると考えられます。

（参考）
○非訟事件手続法
　（終局決定の告知及び効力の発生等）
第五十六条　（略）
2　終局決定（申立てを却下する決定を除く。）は、裁判を受ける者（裁判を受ける者が数人あるときは、そのうちの一人）に告知することによってその効力を生ずる。
3〜5　（略）

Q74 発信者情報開示命令の申立てについての決定の効力は、いつ生じるのですか（第 14 条第 5 項）。

A　開示命令の申立てについての決定の効力は、当該決定の告知により生じることとなります（非訟事件手続法第 56 条第 2 項及び第 3 項）[注1]。

　この点については、非訟事件手続法の特則として、決定が確定したときにその効力が生じるという規律を設けることも考えられます[注2]。しかし、それでは、異議の訴えを提起しない場合でも、その提起期間（1 月）が経過するまで決定の効力が生じないこととなり、迅速性に欠ける結果になるともいえます。そこで、決定の告知によりその効力が生じるとの非訟事件手続法の原則によることとしたものです[注3]。

（注1）　「効力を生ずる」（非訟事件手続法第 56 条第 2 項）とは、その内容に応じた効力（形成力、執行力等）が発生することを意味するものとされており（金子修編著『逐条解説非訟事件手続法』（商事法務、2015 年）215 頁以下）、開示命令を受けた開示関係役務提供者は、所定の発信者情報についての開示義務を負うことになると考えられます。

（注2）　決定の確定により効力が生じるものとされている他法の例としては、借地借家法第 55 条第 2 項があります。

（注3）　開示命令の申立てについての決定が「確定判決と同一の効力」を有するのは、異議の訴えが提起されなかったとき、又は却下されたときになります（第 14 条第 5 項、Q73 参照）。

（参考）
○非訟事件手続法
（終局決定の告知及び効力の発生等）
第五十六条　（略）
2　終局決定（申立てを却下する決定を除く。）は、裁判を受ける者（裁判を受ける者が数人あるときは、そのうちの一人）に告知することによってその効力を生ずる。
3　申立てを却下する終局決定は、申立人に告知することによってその効力を生ずる。
4・5　（略）

Q75 異議の訴えにおける判決において仮執行の宣言をすることができる旨の規定を設けなかったのは、なぜですか。

A 新法では、異議の訴えにおける判決において、仮執行の宣言をすることができる旨の規定を設けていません^(注)。これは、発信者情報の開示が発信者のプライバシーや表現の自由、通信の秘密という重大な権利利益に関する問題である上、その性質上、いったん開示されてしまうとその原状回復は困難であることから、仮執行の宣言を付すことができることとすることは適当でないとの考慮に基づくものです。

(注) 異議の訴えにおける判決において仮執行の宣言をすることができる旨の規定を設けている他法の例としては、破産法第175条第5項（否認の請求を認容する決定に対する異議の訴え）や同法第180条第6項（役員責任査定決定に対する異議の訴え）があります。もっとも、同法においても、第126条（破産債権査定申立てについての決定に対する異議の訴え）では当該規定は設けられていません。

第 7　第 15 条関係（提供命令）

Q76　提供命令とは、どのようなものですか（第 15 条）。

A　権利を侵害されたとする者（甲）がＩＰアドレス及びタイムスタンプ等の開示を求めて開示関係役務提供者（コンテンツプロバイダ等）に対する開示命令の申立てをする場合、裁判所によって当該申立てが認容されるまでの間、甲は発信者の氏名及び住所等の情報を保有する他の開示関係役務提供者（経由プロバイダ等）の名称等を知ることができません。

　この間、甲は当該他の開示関係役務提供者に対する消去禁止命令の申立てができませんが、一般的な経由プロバイダにおけるアクセスログの保存期間は比較的短期間であることからすると、甲が当該消去禁止命令の申立てができないでいるうちに経由プロバイダの保有するアクセスログの保存期間が経過してしまい、侵害情報に係るアクセスログが消去されてしまう懸念があります。

　このような懸念に対処するために、開示関係役務提供者（コンテンツプロバイダ等）に対する開示命令が発令される前の段階において、開示命令の申立人による申立てを受けた裁判所の命令により、①他の開示関係役務提供者（経由プロバイダ等）の氏名等の情報等を申立人に提供するとともに(注)、②開示関係役務提供者（コンテンツプロバイダ等）が保有するＩＰアドレス及びタイムスタンプ等を、申立人には秘密にしたまま、他の開示関係役務提供者に提供することができる制度を設けることで、当該他の開示関係役務提供者において、あらかじめ発信者情報（発信者の氏名及び住所等）を特定・保全しておくことができるようにしたものです。

　（注）　これにより、申立人は、コンテンツプロバイダに対する開示命令事件における裁判所の開示に関する判断を待つことなく、経由プロバイダに対する消去禁止命令の申立てをすることが可能となります。

Q77
提供命令を発令するための要件を教えて下さい（第 15 条第 1 項及び第 2 項）。

A　提供命令を発令するための要件は、①発信者情報開示命令の申立てが裁判所に係属していること（本案係属要件）及び②「発信者情報開示命令の申立てに係る侵害情報の発信者を特定することができなくなることを防止するため必要があると認めるとき」（保全の必要性）(注1) です（第 15 条第 1 項）。

　また、発信者情報開示命令の申立てにおいて「特定発信者情報を含む発信者情報の開示を請求している場合」には、第 1 項に定める上記①及び②の要件に加えて、③特定発信者情報の開示を要することについての補充的な要件（第 5 条第 1 項第 3 号）を満たすことが必要となります（第 15 条第 2 項）(注2)。

　これらの要件を満たすためには、提供命令が特殊保全処分であるという性質上、民事保全法第 13 条第 2 項に準じ、疎明があれば足りるものと考えられます (注3)。

（注1）　②保全の必要性については、Q79 を参照。
（注2）　③の要件に該当しない場合には、「当該特定発信者情報の開示の請求について第五条第一項第三号に該当すると認められない場合」に該当するものとして、裁判所は、開示関係役務提供者に対して、「特定発信者情報以外の発信者情報」を他の開示関係役務提供者に提供することを命ずることができる旨を定めています（第 15 条第 2 項）。
（注3）　③は開示命令の申立てにおける要件でもあり開示命令の申立てについての判断に当たっては証明を要しますが、提供命令発令の判断に当たっては疎明で足ります。

Q78 発信者情報開示命令の申立てを行わずに、提供命令の申立てを行うことはできますか。

A　提供命令は、本案である開示命令事件に付随する裁判（終局決定以外の裁判）と位置付けられるものです。そのため、発信者情報開示命令の申立てをすることなく、提供命令の申立てをすることはできません（本案係属要件）^(注)。このことは、提供命令の申立てをすることができる裁判所が「本案の発信者情報開示命令事件が係属する裁判所」（第15条第1項柱書）と規定されていることによって表されています。

　このように、発信者情報開示命令の申立てをすることなく、提供命令単独での申立てをすることができないこととされたのは、提供命令が、開示命令事件に付随する裁判と位置付けられるものであり、本案の開示命令事件を担当する裁判所が一体として消去禁止命令を含む付随的な命令も審理・発令するのが望ましいとの考慮によるものです。また、実務面でも、開示命令を申し立てる意思がないのにもかかわらず提供命令の申立てをするといった濫用的な申立てが行われることを防止するためにも、本案係属要件を設ける必要があったものです。

（注）　発信者情報開示命令の申立てを行った後に提供命令の申立てを行う場合のほか、同時にこれらの命令の申立てをする場合も、本案係属要件は充足されます。

Q79 「発信者情報開示命令の申立てに係る侵害情報の発信者を特定することができなくなることを防止するため必要があると認めるとき」とは、どのような場合を想定していますか（第15条第1項）。

A 「発信者情報開示命令の申立てに係る侵害情報の発信者を特定することができなくなることを防止するため必要があると認めるとき」とは、提供命令が速やかに発令されないと、発信者情報が消去されて、発信者を特定することができなくなるおそれがあることを意味します（第15条第1項）。

例えば、経由プロバイダにおけるアクセスログの保存期間が限られており、コンテンツプロバイダに対する開示命令の決定を待っていたのでは経由プロバイダが保有する発信者情報が消去され、発信者を特定することができなくなるおそれがある場合が想定されます。

なお、この要件を満たすためには、提供命令が特殊保全処分であるという性質上、民事保全法第13条第2項に準じ、疎明があれば足りるものと考えられます。

Q80 提供命令が発令された場合にコンテンツプロバイダから経由プロバイダに発信者情報が提供されるための条件は、どのようなものですか。

A 裁判所が開示関係役務提供者（設問の事例では、コンテンツプロバイダ）に対する提供命令を発令した場合は、まず、①コンテンツプロバイダから提供命令の申立人に対して、他の開示関係役務提供者（設問の事例では、経由プロバイダ）の氏名又は名称及び住所（氏名等情報）が提供されることとなります。次に、②申立人が裁判所に氏名等情報の提供を受けた経由プロバイダに対する開示命令の申立てをした上で、当該申立てをした旨をコンテンツプロバイダに通知した時点で、③コンテンツプロバイダが経由プロバイダにその保有する発信者情報を提供することになります。

このように、提供命令の申立人が上記②のコンテンツプロバイダへの通知をしたことを条件として③の経由プロバイダへの発信者情報の提供が行われることとしたのは、発信者情報は、発信者のプライバシー及び表現の自由、通信の秘密として保護されるべき情報であるため、申立人が経由プロバイダに対して発信者情報の開示を求める意思表示をまだしていない段階、つまり、経由プロバイダに対する開示命令の申立てをしていない段階で、③の経由プロバイダへの発信者情報の提供が行われるのは適当ではない、との考慮に基づくものです。

Q81 提供命令を発令するに当たり、相手方からの陳述の聴取を必要的なものとしていない理由を教えて下さい。

A 提供命令の手続においては、相手方の陳述の聴取は必要的なものとはされていません。

　提供命令は、開示関係役務提供者に対して、その保有する発信者情報を元に他の開示関係役務提供者の氏名等情報を特定し、その氏名等情報を申立人に提供する等の義務を課すとともに、その保有する発信者情報を当該他の開示関係役務提供者に対して提供する義務を課すものです。このうち、前者の義務は、その保有するＩＰアドレスについて「Whois」等を用いてネットワーク情報を検索等するものであって、それ自体は提供命令の相手方に特段大きい負担を課すものではありませんし、後者の義務もＩＰアドレス等及び発信者の氏名及び住所を申立人に開示するものではないので、発信者の権利等に与える影響は小さいといえます。このように、陳述聴取を必要的なものとしなくても、提供命令の相手方の手続保障、ひいては発信者の利益保護に欠けるとはいえないことから、陳述の聴取を必要的なものとはしなかったものです。また、提供命令は開示命令事件の手続における付随的な手続であり、開示要件についての実質的な審理は開示命令事件の手続において行われることから、提供命令を発するに当たって相手方からの陳述の聴取を必要的としなくても相手方の手続保障に欠けるものではない、との考慮にも基づくものです。

Q82 提供命令にはどのような効力がありますか。

A 提供命令は、以下の効力を持つものです。

1 開示関係役務提供者（コンテンツプロバイダ等。以下「提供元プロバイダ」といいます。）に対し、その保有する発信者情報（IPアドレス等）を元に特定される他の開示関係役務提供者（経由プロバイダ等。以下「提供先プロバイダ」といいます。）の氏名等情報を申立人に提供させること（命令内容㋐）、又は提供元プロバイダが提供先プロバイダを特定するために用いることができる発信者情報を保有していない場合等においては、当該提供元プロバイダは、その旨（当該発信者情報を保有していない旨等）を申立人に提供すること（命令内容㋑）。

提供元プロバイダが命令内容㋐を履行することにより、申立人は、提供元プロバイダに対する開示命令の発令を待たずに発信者の氏名等を保有する提供先プロバイダの氏名等情報を知ることができ、当該提供先プロバイダが保有する発信者の氏名及び住所等の発信者情報について消去禁止命令を申し立てることができることとなります。

2 提供元プロバイダは、申立人が上記1でその氏名等情報の提供を受けた提供先プロバイダに対する発信者情報開示命令の申立てをした旨の通知を申立人から受けたときは、その保有する発信者情報（IPアドレス及びタイムスタンプ等）を提供先プロバイダに提供すること。

これにより、申立人は、開示関係役務提供者（コンテンツプロバイダ等）に対する開示命令が発令される前の段階で、他の開示関係役務提供者（経由プロバイダ等）においてその保有する発信者情報（発信者の氏名及び住所等）が消去されることを防ぐことができることとなります。

このように、提供元プロバイダが保有するIPアドレス及びタイムスタンプ等を申立人には秘密にしたまま提供先プロバイダに提供することができる制度とすることで、提供先プロバイダにおいて、あらかじめ保有する発信者情報（発信者の氏名及び住所等）を特定・保全しておくことができるようになります。

Q83 提供命令の効力の終期について教えて下さい（第15条第3項）。

A 提供命令の効力が失効する場合（終了原因）については、第15条第3項で列挙されています。具体的には、①本案である開示命令事件が終了した場合（異議の訴えが提起されたときは、その訴訟が終了した場合）（同項第1号）及び②提供命令の相手方から他の開示関係役務提供者の氏名等情報の提供を受けた申立人が、当該提供を受けた日から2月以内に、当該提供命令の相手方に対して、当該他の開示関係役務提供者に対する発信者情報開示命令の申立てをした旨の通知をしなかった場合（同項第2号）です。

Q84   提供命令に対する即時抗告期間を教えて下さい。

A   提供命令^(注)に対する即時抗告期間は、1週間の不変期間と定められています（非訟事件手続法第81条）。これは、本案である開示命令と比べて、より簡易迅速処理の要請が高いことを考慮したものです。

(注)　提供命令は、開示命令事件に付随する裁判であり、「終局決定以外の非訟事件に関する裁判」（非訟事件手続法第62条第1項）に該当します。

（参考）
○非訟事件手続法
　（即時抗告期間）
第八十一条　終局決定以外の裁判に対する即時抗告は、一週間の不変期間内にしなければならない。ただし、その期間前に提起した即時抗告の効力を妨げない。

第 8　第 16 条関係（消去禁止命令）

Q85　消去禁止命令とは、どのようなものですか（第 16 条）。

A　消去禁止命令は、開示命令事件の審理中に発信者情報が消去されることを防ぐため、裁判所が、申立てにより、開示命令事件（異議の訴えが提起された場合にはその訴訟）が終了するまでの間、開示関係役務提供者が保有する発信者情報の消去禁止を命ずることができることとするものです（第 16 条）。

Q86 民事保全法に基づく発信者情報消去禁止仮処分とは別に、消去禁止命令が設けられた理由を教えて下さい（第16条）。

A　発信者情報開示請求権の行使方法としては、開示命令の申立て（第8条）のほか、民事訴訟法による発信者情報開示請求訴訟も想定されることから、民事通常訴訟の手続を本案とする保全処分に関する民事保全法上の消去禁止仮処分を利用して、開示関係役務提供者に対し、発信者情報の消去禁止を求めることも想定されます[注]。

　しかし、経由プロバイダにおけるアクセスログの保存期間が限られており、発信者情報の消去を禁止する手続については高い迅速性が求められること、また、消去禁止を求める手続を開示命令の申立ての付随的な手続とすることが開示命令事件の手続を利用する者にとっては使いやすいと考えられることから、発信者情報消去禁止仮処分とは別に、開示命令事件の付随手続として、消去禁止命令を創設することとしたものです（第16条）。

　（注）　発信者情報開示請求権の行使方法については Q35、Q36 参照。

Q87 消去禁止命令を発令するための要件を教えて下さい（第 16 条第 1 項）。

A　消去禁止命令を発令するための要件は、①発信者情報開示命令の申立てが裁判所に係属していること（本案係属要件）、②「発信者情報開示命令の申立てに係る侵害情報の発信者を特定することができなくなることを防止するため必要があると認めるとき」（保全の必要性）及び③開示関係役務提供者が発信者情報を保有していること（発信者情報の保有要件）、です（第 16 条第 1 項）^{（注1）}。

　これらの要件を満たすためには、消去禁止命令が特殊保全処分であるという性質上、民事保全法第 13 条第 2 項に準じ、疎明があれば足りるものと考えられます^{（注2）}。

（注 1）　②保全の必要性については、Q89 を参照。
（注 2）　③は開示命令の申立ての要件でもあり、開示命令の申立てについての判断に当たっては証明を必要としますが、提供命令の発令の判断に当たっては疎明で足ります。

Q88　発信者情報開示命令の申立てを行わずに、消去禁止命令の申立てを行うことはできますか。

A　消去禁止命令は、本案である開示命令事件に付随する裁判（終局決定以外の裁判）と位置付けられるものです。そのため、発信者情報開示命令の申立てをすることなく、消去禁止命令の申立てをすることはできません（本案係属要件）^(注)。このことは、消去禁止命令の申立てをすることができる裁判所が「本案の発信者情報開示命令事件が係属する裁判所」（第16条第1項柱書）と規定されていることによって表されています。

　このように、発信者情報開示命令の申立てをすることなく、消去禁止命令単独での申立てをすることができないこととされたのは、消去禁止命令が、開示命令事件に付随する裁判と位置付けられるものであり、本案の開示命令事件を担当する裁判所が一体として提供命令を含む付随的な命令も審理・発令するのが望ましいとの考慮によるものです。また、実務面でも、開示命令を申し立てる意思がないのにもかかわらず消去禁止命令の申立てをするといった濫用的な申立てが行われることを防止するためにも、本案係属要件を設ける必要があったものです。

（注）　発信者情報開示命令の申立てを行った後に消去禁止命令の申立てを行う場合のほか、同時にこれらの命令の申立てをする場合も、本案係属要件は充足されます。

Q89 「発信者情報開示命令の申立てに係る侵害情報の発信者を特定することができなくなることを防止するため必要があると認めるとき」とは、どのような場合を想定していますか（第16条第1項）。

A 「発信者情報開示命令の申立てに係る侵害情報の発信者を特定することができなくなることを防止するため必要があると認めるとき」とは、消去禁止命令が速やかに発令されないと、発信者情報が消去されて、発信者を特定することができなくなるおそれがあることを意味します（第16条第1項）。

　例えば、経由プロバイダにおけるアクセスログの保存期間が限られており、コンテンツプロバイダに対する開示命令の決定を待っていたのでは開示命令の申立ての対象となっている発信者情報が消去され、発信者を特定することができなくなるおそれがある場合が想定されます。

　なお、この要件を満たすためには、消去禁止命令が特殊保全処分であるという性質上、民事保全法第13条第2項に準じ、疎明があれば足りるものと考えられます。

Q90 消去禁止命令を発令するに当たり、相手方からの陳述の聴取を必要的なものとしていない理由を教えて下さい。

A 　消去禁止命令事件においては、相手方からの陳述の聴取は必要的なものではありません。

　これは、開示関係役務提供者に対して発信者情報の消去禁止を命じることは特段大きな負担を課すものではない上、消去禁止命令は開示命令事件の手続における付随的な手続であり、開示要件についての実質的な審理は開示命令事件の手続において行われることから、消去禁止命令を発するに当たって相手方からの陳述の聴取を必要的としなくても、相手方の手続保障に欠けるものではない、との考慮に基づくものです[注]。

（注）　運用上は、裁判所の職権による事実の調査（非訟事件手続法第49条第1項）として、相手方が申立てに係る発信者情報を保有しているか否かを聴取してから消去禁止命令を発令することも可能です。

Q91　消去禁止命令にはどのような効果がありますか。

A　消去禁止命令が発令された場合、開示関係役務提供者に対し、その保有する発信者情報を消去することを禁止するという効果[注]が生じます。例えば、「（発信者の）氏名又は名称及び住所を消去してはならない」という内容の消去禁止命令が発令された場合には、当該命令を受けた相手方は「（発信者の）氏名又は名称及び住所」を消去してはならないこととなります。

（注）　消去禁止命令の効果の終期については、Q92 参照。

Q92   消去禁止命令の効果はいつまで続きますか（第16条第1項）。

A　消去禁止命令が発令された場合、その効果は、本案である開示命令事件が終了するまでの間（当該開示命令事件についての決定に対して異議の訴えが提起されたときは、その訴訟が終了するまでの間）、続きます（第16条第1項）。

　具体的には、消去禁止命令が発令された場合、発令を受けた相手方は、発信者情報開示命令の申立てについての決定が確定するまでの間、又は申立ての取下げ等により開示命令事件が終了するまでの間（異議の訴えがあった場合には当該訴えに対する判決が確定するまでの間、又は訴えの取下げ等により訴訟が終了するまでの間）、消去禁止命令により消去を禁止された発信者情報を消去してはならないこととなります。

Q93　消去禁止命令に対する即時抗告期間を教えて下さい。

A　消去禁止命令[注]に対する即時抗告期間は、1 週間の不変期間と定められています（非訟事件手続法第 81 条）。これは、本案である開示命令と比べて、より簡易迅速処理の要請が高いことを考慮したものです。

[注]　消去禁止命令は、開示命令事件に付随する裁判であり、「終局決定以外の非訟事件に関する裁判」（非訟事件手続法第 62 条第 1 項）に該当します。

（参考）

○非訟事件手続法

（即時抗告期間）

第八十一条　終局決定以外の裁判に対する即時抗告は、一週間の不変期間内にしなければならない。ただし、その期間前に提起した即時抗告の効力を妨げない。

第9　第17条及び第18条関係（非訟事件手続法の適用除外及び最高裁判所規則）

> **Q94**　発信者情報開示命令事件に関する裁判手続には非訟事件手続法第2編の規定が適用されるとのことですが、非訟事件手続法第2編の規定のうち、適用が除外されている規定を教えて下さい（第17条）。

A　開示命令事件に関する裁判手続については、非訟事件手続法第2編の規定のうち、以下の規定の適用が除外されています（第17条）。

①　手続代理人の資格の特則に関する規定（非訟事件手続法第22条第1項ただし書）

②　手続費用の立替えに関する規定（非訟事件手続法第27条）

③　検察官の関与に関する規定（非訟事件手続法第40条）

Q95　最高裁判所規則への委任の規定が設けられた理由を教えて下さい（第18条）。

A　開示命令事件に関する裁判手続に関しては、当事者等の権利義務に影響を及ぼす事項や手続の大綱に関する事項については法律で定め、手続の細目的事項については委任に基づき最高裁判所規則で定めることとするものです（第18条）。

Q96　最高裁判所規則への委任事項には、どのようなものがありますか。

A　新法における最高裁判所規則への委任事項には、次のものがあります。

①　裁判管轄に関する事項（第10条第1項第2号、同条第2項）
②　裁判手続に関する事項（第18条）

（参考）

① 裁判管轄に関する事項　　　　　　　　　　　　　　　　　　　（傍線部分は筆者）

第10条 第1項第2号	発信者情報開示命令の申立てが大使、公使その他外国に在ってその国の裁判権からの免除を享有する日本人を相手方とする場合において、我が国の裁判所が管轄権を有するにも関わらず管轄裁判所が定まらないときは、「最高裁判所規則で定める地」を管轄する地方裁判所の管轄に属する旨を規定。
第10条 第2項	発信者情報開示命令の申立てについて、本法の他の規定又は他の法令の規定により管轄裁判所が定まらないときは、「最高裁判所規則で定める地」を管轄する地方裁判所の管轄に属する旨を規定。

② 裁判手続に関する事項　　　　　　　　　　　　　　　　　　　（傍線部分は筆者）

第18条	「この法律に定めるもののほか、発信者情報開示命令事件に関する裁判手続に関し必要な事項は、最高裁判所規則で定める」旨を規定。

第4章 附則関係

Q97　改正法の施行期日は、いつですか。

A　改正法は、その施行期日を、「公布の日から起算して一年六月を超えない範囲内において政令で定める日から施行する」としています（改正法附則第1条）。この「公布の日」は、令和3（2021）年4月28日です。

これは、社会問題となっているインターネット上の権利侵害への対応策として早期の施行が求められる一方で、改正法の施行に必要な総務省令及び最高裁判所規則並びに新設する開示命令事件に関する裁判手続において用いられる各種文書の様式等の検討や制定作業等が相当量発生することに加え、影響を受ける者の範囲が多岐にわたるため、相当の準備期間・周知期間を確保する必要があるためです。

Q98　改正法の施行期日前に、発信者に対する意見聴取を行っていた場合、再度、意見聴取を行う必要がありますか。

A　旧法において、開示関係役務提供者が発信者情報の開示請求を受けた場合に発信者から意見の聴取をしなければならないとされているところ（旧法第4条第2項）、今回の改正により、発信者に対する聴取事項として、旧法の「開示するかどうか」（改正後は「開示の請求に応じるかどうか」（第6条第1項））に加えて「開示に応じるべきでない場合には、その理由」が追加されるため、改正法の施行期日前に開示請求が行われた場合であって、施行期日時点において開示に関する判断がなされていないときの適用関係を明確化する必要があります。

　ここで、改正法の施行期日時点において開示に関する判断がなされていない場合において(注)、その施行期日前に、旧法に基づく発信者の意見聴取を完了しているときにまで再度の意見聴取を求めることは、開示関係役務提供者に追加的な負担を強いることとなります。

　そこで、改正法の施行日期日前に旧法に基づく発信者の意見聴取を完了している場合には、第6条第1項に規定する発信者の意見聴取がされたものとみなすこととしています（改正法附則第2条）。

　したがって、改正法の施行期日前に発信者の意見聴取を完了している場合には、再度、意見の聴取を行う必要はありません。

　なお、例えば、発信者に対して意見照会書を送付済みであるものの、発信者から開示関係役務提供者に回答が届いていない段階で改正法の施行期日が到来した場合は、この「発信者の意見聴取を完了している場合」には該当せず、改めて第6条第1項に規定する発信者の意見聴取をしなければならないものと考えられます。

　（注）　開示に関する判断がなされている場合には、再度、意見の聴取を行う必要はありません。

Q99 改正法の施行から5年後の見直し規定が設けられた理由を教えて下さい。

A 　改正法は、「施行後五年を経過した場合において、新法の施行の状況について検討を加え、その結果に基づいて必要な措置を講ずるものとする。」としています（改正法附則第3条）。

　これは、改正法が施行された後、適切に運用され、発信者情報の開示請求についてその事案の実情に即した迅速かつ適正な解決に資するものとなっているかを見直すものです。「施行後五年を経過した場合」とされたのは、改正法の施行後、新設された開示命令事件に関する裁判手続の利用が広く普及し、その利用実績が十分に蓄積されるまでに5年程度を要すると予想されることを考慮したものです。

第5章 その他

Q100
海外における我が国の発信者情報開示制度と類似の制度を教えて下さい。

A

1　米国における類似の制度

米国では、被告の氏名を明らかにしないまま民事訴訟を提起し（いわゆる「匿名訴訟」）、その審理の前に行われる証拠開示手続（discovery）において、裁判官の許可を得た上で、文書提出命令（subpoena）を発行し、プロバイダ等の第三者に対して、情報の開示を求めることができる、とされています（米国連邦民事訴訟手続）。

2　英国における類似の制度

英国では、権利侵害を受けた者が、訴訟提起前に加害者（匿名の発信者）を特定する必要がある場合に、判例法上の Norwich Pharmacal Order（NPO）と呼ばれる処分によって第三者に対する情報開示の命令を裁判所から得ることができる、とされています。

3　仏国における類似の制度

仏国では、権利侵害を受けた者が、訴訟提起前に加害者（匿名の発信者）を特定する必要がある場合に、民事訴訟規則第145条によって、第三者に対する情報の開示等のうち必要な命令を裁判所から得ることができる、とされています。

4　独国における類似の制度

独国では、ネットワーク執行法に定める一定の違法情報の流通があった場合、裁判所の命令に基づき、テレメディア法に基づく開示請求権の行使として、第三者に情報の開示を求めることができる、とされています。

（参考）
発信者情報開示に関する諸外国の状況（概要）

	諸外国の発信者情報開示制度の概要
米　国	○　米国連邦民事訴訟手続（ディスカバリ） ・身元不詳の発信者（John Doe）を相手方とする匿名訴訟を提起し、審理の前に行われる証拠開示手続（discovery）において、裁判官の許可を得て、文書提出命令（subpoena）を発行し、プロバイダ等の第三者に対して情報の開示を求める（FRCP45）。 ○　DMCA（デジタルミレニアム著作権法） ・著作権侵害の被害者は、DMCAに規定する手続において、裁判所書記官が発行する文書提出命令（subpoena）により、コンテンツプロバイダに対して発信者情報の開示を求めることができる。
英　国	○　Norwich Pharmacal Order（NPO）（※判例法） ・権利侵害を受けた者が、訴訟提起前に加害者（匿名の発信者）を特定する必要がある場合に、判例法上のNorwich Pharmacal Orderと呼ばれる処分によって第三者に対する情報開示の命令を裁判所から得ることができる。プロバイダ等が保有する情報のうち、行為者を特定する情報か、特定に役立つ情報が開示対象となる。 （※民事訴訟法上、匿名訴訟や裁判外での任意開示請求は認められていない。）
仏　国	○　民事訴訟規則 ・権利侵害を受けた者が、訴訟提起前に加害者（匿名の発信者）を特定する必要がある場合に、民事訴訟規則第145条によって、第三者に対する情報の開示・調査・保全・鑑定のうち必要な命令を裁判所から得ることができる。 （※民事訴訟法上、匿名訴訟や裁判外での任意開示請求は認められていない。）
独　国	○　テレメディア法（2017年改正） ・インターネット上でネットワーク執行法第1条第3項に定める違法情報（刑法上の名誉毀損等）による侵害を受けた者は、テレメディア法上の開示請求権を持つ。当該請求権の行使には裁判所の仮処分が必要とされる。 （※民事訴訟法上、匿名訴訟や裁判外での任意開示請求は認められていない。）

※1　米国では匿名訴訟が認められているのに対し、英国・仏国・独国では匿名訴訟は認められていない。
※2　上記4か国では裁判所を介さない裁判外での開示請求は認められていない。

資料 1　特定電気通信役務提供者の損害賠償責任の制限及び発信者情報の開示
　　　　に関する法律の一部を改正する法律新旧対照条文

1　特定電気通信役務提供者の損害賠償責任の制限及び発信者情報の開示に関する法律
　（平成 13 年法律第 137 号）

（傍線部分は改正部分）

改　正　後	現　　行
目次	（新設）
第一章　総則（第一条・第二条）	（新設）
第二章　損害賠償責任の制限（第三条・第四条）	（新設）
第三章　発信者情報の開示請求等（第五条―第七条）	（新設）
第四章　発信者情報開示命令事件に関する裁判手続（第八条―第十八条）	（新設）
附則	（新設）
第一章　総則	（新設）
（趣旨） 第一条　この法律は、特定電気通信による情報の流通によって権利の侵害があった場合について、特定電気通信役務提供者の損害賠償責任の制限及び発信者情報の開示を請求する権利<u>について定めるとともに、発信者情報開示命令事件に関する裁判手続に関し必要な事項を定めるもの</u>とする。	（趣旨） 第一条　この法律は、特定電気通信による情報の流通によって権利の侵害があった場合について、特定電気通信役務提供者の損害賠償責任の制限及び発信者情報の開示を請求する権利<u>につき</u>_____定めるものとする。
（定義） 第二条　この法律において、次の各号に掲げる用語の意義は、当該各号に定めるところによる。 　一　特定電気通信　不特定の者によって受信されることを目的とする電気通信	（定義） 第二条　（同上） 　一　特定電気通信　不特定の者によって受信されることを目的とする電気通信

改　正　後	現　　行
（電気通信事業法（昭和五十九年法律第八十六号）第二条第一号に規定する電気通信をいう。以下この号及び第五条第三項において同じ。）の送信（公衆によって直接受信されることを目的とする電気通信の送信を除く。）をいう。	（電気通信事業法（昭和五十九年法律第八十六号）第二条第一号に規定する電気通信をいう。以下この号＿＿＿＿＿＿＿＿＿＿において同じ。）の送信（公衆によって直接受信されることを目的とする電気通信の送信を除く。）をいう。
二　特定電気通信設備　特定電気通信の用に供される電気通信設備（電気通信事業法第二条第二号に規定する電気通信設備をいう。第五条第二項において同じ。）をいう。	二　特定電気通信設備　特定電気通信の用に供される電気通信設備（電気通信事業法第二条第二号に規定する電気通信設備をいう。＿＿＿＿＿＿＿＿＿＿＿）をいう。
三　特定電気通信役務提供者　特定電気通信役務（特定電気通信設備を用いて提供する電気通信役務（電気通信事業法第二条第三号に規定する電気通信役務をいう。第五条第二項において同じ。）をいう。同条第三項において同じ。）を提供する者をいう。	三　特定電気通信役務提供者　特定電気通信設備を用いて他人の通信を媒介し、その他特定電気通信設備を他人の通信の用に供する＿＿＿＿＿＿＿＿＿＿＿＿＿＿＿＿＿＿＿＿＿＿＿＿＿＿＿＿者をいう。
四　発信者　特定電気通信役務提供者の用いる特定電気通信設備の記録媒体（当該記録媒体に記録された情報が不特定の者に送信されるものに限る。）に情報を記録し、又は当該特定電気通信設備の送信装置（当該送信装置に入力された情報が不特定の者に送信されるものに限る。）に情報を入力した者をいう。	四　（同上）
五　侵害情報　特定電気通信による情報の流通によって自己の権利を侵害されたとする者が当該権利を侵害したとする情報をいう。	（新設）
六　発信者情報　氏名、住所その他の侵害情報の発信者の特定に資する情報であって総務省令で定めるものをいう。	（新設）

改　正　後	現　　　行
七　開示関係役務提供者　第五条第一項に規定する特定電気通信役務提供者及び同条第二項に規定する関連電気通信役務提供者をいう。	（新設）
八　発信者情報開示命令　第八条の規定による命令をいう。	（新設）
九　発信者情報開示命令事件　発信者情報開示命令の申立てに係る事件をいう。	（新設）
第二章　損害賠償責任の制限	（新設）
（損害賠償責任の制限）	（損害賠償責任の制限）
第三条　特定電気通信による情報の流通により他人の権利が侵害されたときは、当該特定電気通信の用に供される特定電気通信設備を用いる特定電気通信役務提供者（以下この項において「関係役務提供者」という。）は、これによって生じた損害については、権利を侵害した情報の不特定の者に対する送信を防止する措置を講ずることが技術的に可能な場合であって、次の各号のいずれかに該当するときでなければ、賠償の責めに任じない。ただし、当該関係役務提供者が当該権利を侵害した情報の発信者である場合は、この限りでない。	第三条　（同上）
一　当該関係役務提供者が当該特定電気通信による情報の流通によって他人の権利が侵害されていることを知っていたとき。	一　（同上）
二　当該関係役務提供者が、当該特定電気通信による情報の流通を知っていた場合であって、当該特定電気通信による情報の流通によって他人の権利が侵害されていることを知ることができた	二　（同上）

改　正　後	現　　行
と認めるに足りる相当の理由があるとき。 2　特定電気通信役務提供者は、特定電気通信による情報の送信を防止する措置を講じた場合において、当該措置により送信を防止された情報の発信者に生じた損害については、当該措置が当該情報の不特定の者に対する送信を防止するために必要な限度において行われたものである場合であって、次の各号のいずれかに該当するときは、賠償の責めに任じない。 一　当該特定電気通信役務提供者が当該特定電気通信による情報の流通によって他人の権利が不当に侵害されていると信じるに足りる相当の理由があったとき。 二　特定電気通信による情報の流通によって自己の権利を侵害されたとする者から、<u>侵害情報</u> 　　　　　　　　　　　　　　、侵害されたとする権利及び権利が侵害されたとする理由（以下この号において「侵害情報等」という。）を示して当該特定電気通信役務提供者に対し侵害情報の送信を防止する措置（以下この号において「送信防止措置」という。）を講ずるよう申出があった場合に、当該特定電気通信役務提供者が、当該侵害情報の発信者に対し当該侵害情報等を示して当該送信防止措置を講ずることに同意するかどうかを照会した場合において、当該発信者が当該照会を受けた日から七日を経過しても当該発信者から当該送信防止措置を講ずることに同意しな	2　（同上） 一　（同上） 二　特定電気通信による情報の流通によって自己の権利を侵害されたとする者から、<u>当該権利を侵害したとする情報（以下この号及び第四条において「侵害情報」という。）</u>、侵害されたとする権利及び権利が侵害されたとする理由（以下この号において「侵害情報等」という。）を示して当該特定電気通信役務提供者に対し侵害情報の送信を防止する措置（以下この号において「送信防止措置」という。）を講ずるよう申出があった場合に、当該特定電気通信役務提供者が、当該侵害情報の発信者に対し当該侵害情報等を示して当該送信防止措置を講ずることに同意するかどうかを照会した場合において、当該発信者が当該照会を受けた日から七日を経過しても当該発信者から当該送信防止措置を講ずることに同意しな

改　正　後	現　　行
い旨の申出がなかったとき。 （公職の候補者等に係る特例） 第四条　　　前条第二項の場合のほか、特定電気通信役務提供者は、特定電気通信による情報（選挙運動の期間中に頒布された文書図画に係る情報に限る。以下この条において同じ。）の送信を防止する措置を講じた場合において、当該措置により送信を防止された情報の発信者に生じた損害については、当該措置が当該情報の不特定の者に対する送信を防止するために必要な限度において行われたものである場合であって、次の各号のいずれかに該当するときは、賠償の責めに任じない。 一　特定電気通信による情報であって、選挙運動のために使用し、又は当選を得させないための活動に使用する文書図画（以下この条において「特定文書図画」という。）に係るものの流通によって自己の名誉を侵害されたとする公職の候補者等（公職の候補者又は候補者届出政党（公職選挙法（昭和二十五年法律第百号）第八十六条第一項又は第八項の規定による届出をした政党その他の政治団体をいう。）若しくは衆議院名簿届出政党等（同法第八十六条の二第一項の規定による届出をした政党その他の政治団体をいう。）若しくは参議院名簿届出政党等（同法第八十六条の三第一項の規定による届出をした政党その他の政治団体をいう。）をいう。次号において同じ。）から、当該名誉を侵害したとする情報（以下	い旨の申出がなかったとき。 （公職の候補者等に係る特例） 第三条の二　　前条第二項の場合のほか、特定電気通信役務提供者は、特定電気通信による情報（選挙運動の期間中に頒布された文書図画に係る情報に限る。以下この条において同じ。）の送信を防止する措置を講じた場合において、当該措置により送信を防止された情報の発信者に生じた損害については、当該措置が当該情報の不特定の者に対する送信を防止するために必要な限度において行われたものである場合であって、次の各号のいずれかに該当するときは、賠償の責めに任じない。 一　特定電気通信による情報であって、選挙運動のために使用し、又は当選を得させないための活動に使用する文書図画（以下「　　　　　　特定文書図画」という。）に係るものの流通によって自己の名誉を侵害されたとする公職の候補者等（公職の候補者又は候補者届出政党（公職選挙法（昭和二十五年法律第百号）第八十六条第一項又は第八項の規定による届出をした政党その他の政治団体をいう。）若しくは衆議院名簿届出政党等（同法第八十六条の二第一項の規定による届出をした政党その他の政治団体をいう。）若しくは参議院名簿届出政党等（同法第八十六条の三第一項の規定による届出をした政党その他の政治団体をいう。）をいう。以下同じ　　　。）から、当該名誉を侵害したとする情報（以下

改　正　後	現　　行
この条において「名誉侵害情報」という。）、名誉が侵害された旨、名誉が侵害されたとする理由及び当該名誉侵害情報が特定文書図画に係るものである旨（以下この条において「名誉侵害情報等」という。）を示して当該特定電気通信役務提供者に対し名誉侵害情報の送信を防止する措置（以下この条において「名誉侵害情報送信防止措置」という。）を講ずるよう申出があった場合に、当該特定電気通信役務提供者が、当該名誉侵害情報の発信者に対し当該名誉侵害情報等を示して当該名誉侵害情報送信防止措置を講ずることに同意するかどうかを照会した場合において、当該発信者が当該照会を受けた日から二日を経過しても当該発信者から当該名誉侵害情報送信防止措置を講ずることに同意しない旨の申出がなかったとき。	「　　　　　　　名誉侵害情報」という。）、名誉が侵害された旨、名誉が侵害されたとする理由及び当該名誉侵害情報が特定文書図画に係るものである旨（以下「　　　　　　名誉侵害情報等」という。）を示して当該特定電気通信役務提供者に対し名誉侵害情報の送信を防止する措置（以下「　　　　　　名誉侵害情報送信防止措置」という。）を講ずるよう申出があった場合に、当該特定電気通信役務提供者が、当該名誉侵害情報の発信者に対し当該名誉侵害情報等を示して当該名誉侵害情報送信防止措置を講ずることに同意するかどうかを照会した場合において、当該発信者が当該照会を受けた日から二日を経過しても当該発信者から当該名誉侵害情報送信防止措置を講ずることに同意しない旨の申出がなかったとき。
二　特定電気通信による情報であって、特定文書図画に係るものの流通によって自己の名誉を侵害されたとする公職の候補者等から、名誉侵害情報等及び名誉侵害情報の発信者の電子メールアドレス等（公職選挙法第百四十二条の三第三項に規定する電子メールアドレス等をいう。以下この号において同じ。）が同項又は同法第百四十二条の五第一項の規定に違反して表示されていない旨を示して当該特定電気通信役務提供者に対し名誉侵害情報送信防止措置を講ずるよう申出があった場合であって、当該情報の発信者の電子メールアドレス等が当該情報に係る特定電	二　特定電気通信による情報であって、特定文書図画に係るものの流通によって自己の名誉を侵害されたとする公職の候補者等から、名誉侵害情報等及び名誉侵害情報の発信者の電子メールアドレス等（公職選挙法第百四十二条の三第三項に規定する電子メールアドレス等をいう。以下　　　　　　　同じ。）が同項又は同法第百四十二条の五第一項の規定に違反して表示されていない旨を示して当該特定電気通信役務提供者に対し名誉侵害情報送信防止措置を講ずるよう申出があった場合であって、当該情報の発信者の電子メールアドレス等が当該情報に係る特定電

資料1　特定電気通信役務提供者の損害賠償責任の制限及び発信者情報の開示に関する法律の一部を改正する法律新旧対照条文

改　正　後	現　　行
気通信の受信をする者が使用する通信端末機器（入出力装置を含む。）の映像面に正しく表示されていないとき。	気通信の受信をする者が使用する通信端末機器（入出力装置を含む。）の映像面に正しく表示されていないとき。
第三章　発信者情報の開示請求等	（新設）
（発信者情報の開示請求　）	（発信者情報の開示請求等）
第五条　特定電気通信による情報の流通によって自己の権利を侵害されたとする者は＿＿＿＿＿＿＿＿＿＿＿＿＿＿＿＿＿＿＿＿、当該特定電気通信の用に供される特定電気通信設備を用いる特定電気通信役務提供者＿＿＿＿＿＿＿＿＿＿＿＿＿＿＿に対し、当該特定電気通信役務提供者が保有する当該権利の侵害に係る発信者情報のうち、特定発信者情報（発信者情報であって専ら侵害関連通信に係るものとして総務省令で定めるものをいう。以下この項及び第十五条第二項において同じ。）以外の発信者情報については第一号及び第二号のいずれにも該当するとき、特定発信者情報については次の各号のいずれにも該当するときは、それぞれその開示を請求することができる。	第四条　特定電気通信による情報の流通によって自己の権利を侵害されたとする者は、次の各号のいずれにも該当するときに限り、当該特定電気通信の用に供される特定電気通信設備を用いる特定電気通信役務提供者（以下「開示関係役務提供者」という。）に対し、当該開示関係役務提供者　　が保有する当該権利の侵害に係る発信者情報（氏名、住所その他の侵害情報の発信者の特定に資する情報であって総務省令で定めるものをいう。以下同じ。）の＿＿開示を請求することができる。
一　当該開示の請求に係る侵害情報の流通によって当該開示の請求をする者の権利が侵害されたことが明らかであるとき。	一　侵害情報＿＿＿＿＿＿＿＿＿の流通によって当該開示の請求をする者の権利が侵害されたことが明らかであるとき。
二　当該発信者情報が当該開示の請求をする者の損害賠償請求権の行使のために必要である場合その他当該発信者情報の開示を受けるべき正当な理由があるとき。	二　当該発信者情報が当該開示の請求をする者の損害賠償請求権の行使のために必要である場合その他＿＿＿発信者情報の開示を受けるべき正当な理由があるとき。
三　次のイからハまでのいずれかに該当	（新設）

改　正　後	現　　　行
するとき。	
イ　当該特定電気通信役務提供者が当該権利の侵害に係る特定発信者情報以外の発信者情報を保有していないと認めるとき。	（新設）
ロ　当該特定電気通信役務提供者が保有する当該権利の侵害に係る特定発信者情報以外の発信者情報が次に掲げる発信者情報以外の発信者情報であって総務省令で定めるもののみであると認めるとき。	（新設）
⑴　当該開示の請求に係る侵害情報の発信者の氏名及び住所	（新設）
⑵　当該権利の侵害に係る他の開示関係役務提供者を特定するために用いることができる発信者情報	（新設）
ハ　当該開示の請求をする者がこの項の規定により開示を受けた発信者情報（特定発信者情報を除く。）によっては当該開示の請求に係る侵害情報の発信者を特定することができないと認めるとき。	（新設）
２　特定電気通信による情報の流通によって自己の権利を侵害されたとする者は、次の各号のいずれにも該当するときは、当該特定電気通信に係る侵害関連通信の用に供される電気通信設備を用いて電気通信役務を提供した者（当該特定電気通信に係る前項に規定する特定電気通信役務提供者である者を除く。以下この項において「関連電気通信役務提供者」という。）に対し、当該関連電気通信役務提供者が保有する当該侵害関連通信に係る発信者情報の開示を請求することができる。	２　開示関係役務提供者は、前項の規定による開示の請求を受けたときは、当該開示の請求に係る侵害情報の発信者と連絡することができない場合その他特別の事情がある場合を除き、開示するかどうかについて当該発信者の意見を聴かなければならない。

改　正　後	現　行
二　当該開示の請求に係る侵害情報の流通によって当該開示の請求をする者の権利が侵害されたことが明らかであるとき。	（新設）
二　当該発信者情報が当該開示の請求をする者の損害賠償請求権の行使のために必要である場合その他当該発信者情報の開示を受けるべき正当な理由があるとき。	（新設）
3　前二項に規定する「侵害関連通信」とは、侵害情報の発信者が当該侵害情報の送信に係る特定電気通信役務を利用し、又はその利用を終了するために行った当該特定電気通信役務に係る識別符号（特定電気通信役務提供者が特定電気通信役務の提供に際して当該特定電気通信役務の提供を受けることができる者を他の者と区別して識別するために用いる文字、番号、記号その他の符号をいう。）その他の符号の電気通信による送信であって、当該侵害情報の発信者を特定するために必要な範囲内であるものとして総務省令で定めるものをいう。	3　第一項の規定により発信者情報の開示を受けた者は、当該発信者情報をみだりに用いて、不当に当該発信者の名誉又は生活の平穏を害する行為をしてはならない。
（削る）	4　開示関係役務提供者は、第一項の規定による開示の請求に応じないことにより当該開示の請求をした者に生じた損害については、故意又は重大な過失がある場合でなければ、賠償の責めに任じない。ただし、当該開示関係役務提供者が当該開示の請求に係る侵害情報の発信者である場合は、この限りでない。
（開示関係役務提供者の義務等） 第六条　開示関係役務提供者は、前条第一項又は第二項の規定による開示の請求を	（新設）

改　正　後	現　　行
受けたときは、当該開示の請求に係る侵害情報の発信者と連絡することができない場合その他特別の事情がある場合を除き、当該開示の請求に応じるかどうかについて当該発信者の意見（当該開示の請求に応じるべきでない旨の意見である場合には、その理由を含む。）を聴かなければならない。	
2　開示関係役務提供者は、発信者情報開示命令を受けたときは、前項の規定による意見の聴取（当該発信者情報開示命令に係るものに限る。）において前条第一項又は第二項の規定による開示の請求に応じるべきでない旨の意見を述べた当該発信者情報開示命令に係る侵害情報の発信者に対し、遅滞なくその旨を通知しなければならない。ただし、当該発信者に対し通知することが困難であるときは、この限りでない。	（新設）
3　開示関係役務提供者は、第十五条第一項（第二号に係る部分に限る。）の規定による命令を受けた他の開示関係役務提供者から当該命令による発信者情報の提供を受けたときは、当該発信者情報を、その保有する発信者情報（当該提供に係る侵害情報に係るものに限る。）を特定する目的以外に使用してはならない。	（新設）
4　開示関係役務提供者は、前条第一項又は第二項の規定による開示の請求に応じないことにより当該開示の請求をした者に生じた損害については、故意又は重大な過失がある場合でなければ、賠償の責めに任じない。ただし、当該開示関係役務提供者が当該開示の請求に係る侵害情報の発信者である場合は、この限りでな	（新設）

改　正　後	現　　行
い。	
（発信者情報の開示を受けた者の義務） 第七条　第五条第一項又は第二項の規定により発信者情報の開示を受けた者は、当該発信者情報をみだりに用いて、不当に当該発信者情報に係る発信者の名誉又は生活の平穏を害する行為をしてはならない。	（新設）
第四章　発信者情報開示命令事件に関する裁判手続	（新設）
（発信者情報開示命令） 第八条　裁判所は、特定電気通信による情報の流通によって自己の権利を侵害されたとする者の申立てにより、決定で、当該権利の侵害に係る開示関係役務提供者に対し、第五条第一項又は第二項の規定による請求に基づく発信者情報の開示を命ずることができる。	（新設）
（日本の裁判所の管轄権） 第九条　裁判所は、発信者情報開示命令の申立てについて、次の各号のいずれかに該当するときは、管轄権を有する。	（新設）
一　人を相手方とする場合において、次のイからハまでのいずれかに該当するとき。	（新設）
イ　相手方の住所又は居所が日本国内にあるとき。	（新設）
ロ　相手方の住所及び居所が日本国内にない場合又はその住所及び居所が知れない場合において、当該相手方が申立て前に日本国内に住所を有し	（新設）

改　正　後	現　　　行
ていたとき（日本国内に最後に住所を有していた後に外国に住所を有していたときを除く。）。	
ハ　大使、公使その他外国に在ってその国の裁判権からの免除を享有する日本人を相手方とするとき。	（新設）
二　法人その他の社団又は財団を相手方とする場合において、次のイ又はロのいずれかに該当するとき。	（新設）
イ　相手方の主たる事務所又は営業所が日本国内にあるとき。	（新設）
ロ　相手方の主たる事務所又は営業所が日本国内にない場合において、次の(1)又は(2)のいずれかに該当するとき。	（新設）
(1)　当該相手方の事務所又は営業所が日本国内にある場合において、申立てが当該事務所又は営業所における業務に関するものであるとき。	（新設）
(2)　当該相手方の事務所若しくは営業所が日本国内にない場合又はその事務所若しくは営業所の所在地が知れない場合において、代表者その他の主たる業務担当者の住所が日本国内にあるとき。	（新設）
三　前二号に掲げるもののほか、日本において事業を行う者（日本において取引を継続してする外国会社（会社法（平成十七年法律第八十六号）第二条第二号に規定する外国会社をいう。）を含む。）を相手方とする場合において、申立てが当該相手方の日本における業務に関するものであるとき。	（新設）
2　前項の規定にかかわらず、当事者は、	（新設）

改　正　後	現　　行
合意により、いずれの国の裁判所に発信者情報開示命令の申立てをすることができるかについて定めることができる。	
3　前項の合意は、書面でしなければ、その効力を生じない。	（新設）
4　第二項の合意がその内容を記録した電磁的記録（電子的方式、磁気的方式その他人の知覚によっては認識することができない方式で作られる記録であって、電子計算機による情報処理の用に供されるものをいう。）によってされたときは、その合意は、書面によってされたものとみなして、前項の規定を適用する。	（新設）
5　外国の裁判所にのみ発信者情報開示命令の申立てをすることができる旨の第二項の合意は、その裁判所が法律上又は事実上裁判権を行うことができないときは、これを援用することができない。	（新設）
6　裁判所は、発信者情報開示命令の申立てについて前各項の規定により日本の裁判所が管轄権を有することとなる場合（日本の裁判所にのみ申立てをすることができる旨の第二項の合意に基づき申立てがされた場合を除く。）においても、事案の性質、手続の追行による相手方の負担の程度、証拠の所在地その他の事情を考慮して、日本の裁判所が審理及び裁判をすることが当事者間の衡平を害し、又は適正かつ迅速な審理の実現を妨げることとなる特別の事情があると認めるときは、当該申立ての全部又は一部を却下することができる。	（新設）
7　日本の裁判所の管轄権は、発信者情報開示命令の申立てがあった時を標準として定める。	（新設）

改　正　後	現　　行
（管轄） 第十条　発信者情報開示命令の申立ては、次の各号に掲げる場合の区分に応じ、それぞれ当該各号に定める地を管轄する地方裁判所の管轄に属する。	（新設）
一　人を相手方とする場合　相手方の住所の所在地（相手方の住所が日本国内にないとき又はその住所が知れないときはその居所の所在地とし、その居所が日本国内にないとき又はその居所が知れないときはその最後の住所の所在地とする。）	（新設）
二　大使、公使その他外国に在ってその国の裁判権からの免除を享有する日本人を相手方とする場合において、この項（前号に係る部分に限る。）の規定により管轄が定まらないとき　最高裁判所規則で定める地	（新設）
三　法人その他の社団又は財団を相手方とする場合　次のイ又はロに掲げる事務所又は営業所の所在地（当該事務所又は営業所が日本国内にないときは、代表者その他の主たる業務担当者の住所の所在地とする。）	（新設）
イ　相手方の主たる事務所又は営業所	（新設）
ロ　申立てが相手方の事務所又は営業所（イに掲げるものを除く。）における業務に関するものであるときは、当該事務所又は営業所	（新設）
２　前条の規定により日本の裁判所が管轄権を有することとなる発信者情報開示命令の申立てについて、前項の規定又は他の法令の規定により管轄裁判所が定まらないときは、当該申立ては、最高裁判所規則で定める地を管轄する地方裁判所の	（新設）

資料 1　特定電気通信役務提供者の損害賠償責任の制限及び発信者情報の開示に関する法律の一部を改正する法律新旧対照条文

改　正　後	現　　行
管轄に属する。	
3　発信者情報開示命令の申立てについて、前二項の規定により次の各号に掲げる裁判所が管轄権を有することとなる場合には、それぞれ当該各号に定める裁判所にも、当該申立てをすることができる。	（新設）
一　東京高等裁判所、名古屋高等裁判所、仙台高等裁判所又は札幌高等裁判所の管轄区域内に所在する地方裁判所（東京地方裁判所を除く。）　東京地方裁判所	（新設）
二　大阪高等裁判所、広島高等裁判所、福岡高等裁判所又は高松高等裁判所の管轄区域内に所在する地方裁判所（大阪地方裁判所を除く。）　大阪地方裁判所	（新設）
4　前三項の規定にかかわらず、発信者情報開示命令の申立ては、当事者が合意で定める地方裁判所の管轄に属する。この場合においては、前条第三項及び第四項の規定を準用する。	（新設）
5　前各項の規定にかかわらず、特許権、実用新案権、回路配置利用権又はプログラムの著作物についての著作者の権利を侵害されたとする者による当該権利の侵害についての発信者情報開示命令の申立てについて、当該各項の規定により次の各号に掲げる裁判所が管轄権を有することとなる場合には、当該申立ては、それぞれ当該各号に定める裁判所の管轄に専属する。	（新設）
一　東京高等裁判所、名古屋高等裁判所、仙台高等裁判所又は札幌高等裁判所の管轄区域内に所在する地方裁判所　東京地方裁判所	（新設）

改　正　後	現　　行
二　大阪高等裁判所、広島高等裁判所、福岡高等裁判所又は高松高等裁判所の管轄区域内に所在する地方裁判所　大阪地方裁判所	（新設）
6　前項第二号に定める裁判所がした発信者情報開示命令事件（同項に規定する権利の侵害に係るものに限る。）についての決定に対する即時抗告は、東京高等裁判所の管轄に専属する。	（新設）
7　前各項の規定にかかわらず、第十五条第一項（第一号に係る部分に限る。）の規定による命令により同号イに規定する他の開示関係役務提供者の氏名等情報の提供を受けた者の申立てに係る第一号に掲げる事件は、当該提供を受けた者の申立てに係る第二号に掲げる事件が係属するときは、当該事件が係属する裁判所の管轄に専属する。	（新設）
二　当該他の開示関係役務提供者を相手方とする当該提供に係る侵害情報についての発信者情報開示命令事件	（新設）
二　当該提供に係る侵害情報についての他の発信者情報開示命令事件	（新設）
（発信者情報開示命令の申立書の写しの送付等）	
第十一条　裁判所は、発信者情報開示命令の申立てがあった場合には、当該申立てが不適法であるとき又は当該申立てに理由がないことが明らかなときを除き、当該発信者情報開示命令の申立書の写しを相手方に送付しなければならない。	（新設）
2　非訟事件手続法（平成二十三年法律第五十一号）第四十三条第四項から第六項までの規定は、発信者情報開示命令の申	（新設）

資料1　特定電気通信役務提供者の損害賠償責任の制限及び発信者情報の開示に関する法律
の一部を改正する法律新旧対照条文

改　正　後	現　　行
立書の写しを送付することができない場合（当該申立書の写しの送付に必要な費用を予納しない場合を含む。）について準用する。	
3　裁判所は、発信者情報開示命令の申立てについての決定をする場合には、当事者の陳述を聴かなければならない。ただし、不適法又は理由がないことが明らかであるとして当該申立てを却下する決定をするときは、この限りでない。	（新設）
（発信者情報開示命令事件の記録の閲覧等）	
第十二条　当事者又は利害関係を疎明した第三者は、裁判所書記官に対し、発信者情報開示命令事件の記録の閲覧若しくは謄写、その正本、謄本若しくは抄本の交付又は発信者情報開示命令事件に関する事項の証明書の交付を請求することができる。	（新設）
2　前項の規定は、発信者情報開示命令事件の記録中の録音テープ又はビデオテープ（これらに準ずる方法により一定の事項を記録した物を含む。）については、適用しない。この場合において、当事者又は利害関係を疎明した第三者は、裁判所書記官に対し、これらの物の複製を請求することができる。	（新設）
3　前二項の規定による発信者情報開示命令事件の記録の閲覧、謄写及び複製の請求は、当該記録の保存又は裁判所の執務に支障があるときは、することができない。	（新設）
（発信者情報開示命令の申立ての取下げ）	

改　正　後	現　　行
第十三条　発信者情報開示命令の申立て は、当該申立てについての決定が確定す るまで、その全部又は一部を取り下げる ことができる。ただし、当該申立ての取 下げは、次に掲げる決定がされた後に あっては、相手方の同意を得なければ、 その効力を生じない。	（新設）
一　当該申立てについての決定	（新設）
二　当該申立てに係る発信者情報開示命 　　令事件を本案とする第十五条第一項の 　　規定による命令	（新設）
2　発信者情報開示命令の申立ての取下げ があった場合において、前項ただし書の 規定により当該申立ての取下げについて 相手方の同意を要するときは、裁判所 は、相手方に対し、当該申立ての取下げ があったことを通知しなければならな い。ただし、当該申立ての取下げが発信 者情報開示命令事件の手続の期日におい て口頭でされた場合において、相手方が その期日に出頭したときは、この限りで ない。	（新設）
3　前項本文の規定による通知を受けた日 から二週間以内に相手方が異議を述べな いときは、当該通知に係る申立ての取下 げに同意したものとみなす。同項ただし 書の規定による場合において、当該申立 ての取下げがあった日から二週間以内に 相手方が異議を述べないときも、同様と する。	（新設）
（発信者情報開示命令の申立てについて 　の決定に対する異議の訴え）	
第十四条　発信者情報開示命令の申立てに ついての決定（当該申立てを不適法とし	（新設）

改　正　後	現　　　行
て却下する決定を除く。）に不服がある 当事者は、当該決定の告知を受けた日か ら一月の不変期間内に、異議の訴えを提 起することができる。	
2　前項に規定する訴えは、同項に規定す る決定をした裁判所の管轄に専属する。	（新設）
3　第一項に規定する訴えについての判決 においては、当該訴えを不適法として却 下するときを除き、同項に規定する決定 を認可し、変更し、又は取り消す。	（新設）
4　第一項に規定する決定を認可し、又は 変更した判決で発信者情報の開示を命ず るものは、強制執行に関しては、給付を 命ずる判決と同一の効力を有する。	（新設）
5　第一項に規定する訴えが、同項に規定 する期間内に提起されなかったとき、又 は却下されたときは、当該訴えに係る同 項に規定する決定は、確定判決と同一の 効力を有する。	（新設）
6　裁判所が第一項に規定する決定をした 場合における非訟事件手続法第五十九条 第一項の規定の適用については、同項第 二号中「即時抗告をする」とあるのは、 「異議の訴えを提起する」とする。	（新設）
 （提供命令） 第十五条　本案の発信者情報開示命令事件 が係属する裁判所は、発信者情報開示命 令の申立てに係る侵害情報の発信者を特 定することができなくなることを防止す るため必要があると認めるときは、当該 発信者情報開示命令の申立てをした者 （以下この項において「申立人」とい う。）の申立てにより、決定で、当該発 信者情報開示命令の申立ての相手方であ	（新設）

改　正　後	現　行
る開示関係役務提供者に対し、次に掲げる事項を命ずることができる。	
二　当該申立人に対し、次のイ又はロに掲げる場合の区分に応じそれぞれ当該イ又はロに定める事項（イに掲げる場合に該当すると認めるときは、イに定める事項）を書面又は電磁的方法（電子情報処理組織を使用する方法その他の情報通信の技術を利用する方法であって総務省令で定めるものをいう。次号において同じ。）により提供すること。	（新設）
イ　当該開示関係役務提供者がその保有する発信者情報（当該発信者情報開示命令の申立てに係るものに限る。以下この項において同じ。）により当該侵害情報に係る他の開示関係役務提供者（当該侵害情報の発信者であると認めるものを除く。ロにおいて同じ。）の氏名又は名称及び住所（以下この項及び第三項において「他の開示関係役務提供者の氏名等情報」という。）の特定をすることができる場合　当該他の開示関係役務提供者の氏名等情報	（新設）
ロ　当該開示関係役務提供者が当該侵害情報に係る他の開示関係役務提供者を特定するために用いることができる発信者情報として総務省令で定めるものを保有していない場合又は当該開示関係役務提供者がその保有する当該発信者情報によりイに規定する特定をすることができない場合　その旨	（新設）
二　この項の規定による命令（以下この	（新設）

改　正　後	現　　　行
条において「提供命令」といい、前号に係る部分に限る。）により他の開示関係役務提供者の氏名等情報の提供を受けた当該申立人から、当該他の開示関係役務提供者を相手方として当該侵害情報についての発信者情報開示命令の申立てをした旨の書面又は電磁的方法による通知を受けたときは、当該他の開示関係役務提供者に対し、当該開示関係役務提供者が保有する発信者情報を書面又は電磁的方法により提供すること。	
2　前項（各号列記以外の部分に限る。）に規定する発信者情報開示命令の申立ての相手方が第五条第一項に規定する特定電気通信役務提供者であって、かつ、当該申立てをした者が当該申立てにおいて特定発信者情報を含む発信者情報の開示を請求している場合における前項の規定の適用については、同項第一号イの規定中「に係るもの」とあるのは、次の表の上欄に掲げる場合の区分に応じ、それぞれ同表の下欄に掲げる字句とする。	（新設）

当該特定発信者情報の開示の請求について第五条第一項第三号に該当すると認められる場合	に係る第五条第一項に規定する特定発信者情報
当該特定発信者情報の開示の請求について第五条第一項第三号に該当すると認められない場合	に係る第五条第一項に規定する特定発信者情報以外の発信者情報

改　正　後	現　　　行
3　次の各号のいずれかに該当するときは、提供命令（提供命令により二以上の他の開示関係役務提供者の氏名等情報の	（新設）

改　正　後	現　　行
提供を受けた者が、当該他の開示関係役務提供者のうちの一部の者について第一項第二号に規定する通知をしないことにより第二号に該当することとなるときは、当該一部の者に係る部分に限る。）は、その効力を失う。	
二　当該提供命令の本案である発信者情報開示命令事件（当該発信者情報開示命令事件についての前条第一項に規定する決定に対して同項に規定する訴えが提起されたときは、その訴訟）が終了したとき。	（新設）
二　当該提供命令により他の開示関係役務提供者の氏名等情報の提供を受けた者が、当該提供を受けた日から二月以内に、当該提供命令を受けた開示関係役務提供者に対し、第一項第二号に規定する通知をしなかったとき。	（新設）
4　提供命令の申立ては、当該提供命令があった後であっても、その全部又は一部を取り下げることができる。	（新設）
5　提供命令を受けた開示関係役務提供者は、当該提供命令に対し、即時抗告をすることができる。	（新設）
（消去禁止命令） 第十六条　本案の発信者情報開示命令事件が係属する裁判所は、発信者情報開示命令の申立てに係る侵害情報の発信者を特定することができなくなることを防止するため必要があると認めるときは、当該発信者情報開示命令の申立てをした者の申立てにより、決定で、当該発信者情報開示命令の申立ての相手方である開示関係役務提供者に対し、当該発信者情報開	（新設）

資料1　特定電気通信役務提供者の損害賠償責任の制限及び発信者情報の開示に関する法律
　　　　の一部を改正する法律新旧対照条文

改　正　後	現　　　行
示命令事件（当該発信者情報開示命令事件についての第十四条第一項に規定する決定に対して同項に規定する訴えが提起されたときは、その訴訟）が終了するまでの間、当該開示関係役務提供者が保有する発信者情報（当該発信者情報開示命令の申立てに係るものに限る。）を消去してはならない旨を命ずることができる。	
2　前項の規定による命令（以下この条において「消去禁止命令」という。）の申立ては、当該消去禁止命令があった後であっても、その全部又は一部を取り下げることができる。	（新設）
3　消去禁止命令を受けた開示関係役務提供者は、当該消去禁止命令に対し、即時抗告をすることができる。	（新設）
（非訟事件手続法の適用除外） 第十七条　発信者情報開示命令事件に関する裁判手続については、非訟事件手続法第二十二条第一項ただし書、第二十七条及び第四十条の規定は、適用しない。	（新設）
（最高裁判所規則） 第十八条　この法律に定めるもののほか、発信者情報開示命令事件に関する裁判手続に関し必要な事項は、最高裁判所規則で定める。	（新設）

2　いじめ防止対策推進法（平成25年法律第71号）（附則第四条関係）

（傍線部分は改正部分）

改　正　後	現　　行
（インターネットを通じて行われるいじめに対する対策の推進） 第十九条　学校の設置者及びその設置する学校は、当該学校に在籍する児童等及びその保護者が、発信された情報の高度の流通性、発信者の匿名性その他のインターネットを通じて送信される情報の特性を踏まえて、インターネットを通じて行われるいじめを防止し、及び効果的に対処することができるよう、これらの者に対し、必要な啓発活動を行うものとする。	（インターネットを通じて行われるいじめに対する対策の推進） 第十九条　（同上）
２　国及び地方公共団体は、児童等がインターネットを通じて行われるいじめに巻き込まれていないかどうかを監視する関係機関又は関係団体の取組を支援するとともに、インターネットを通じて行われるいじめに関する事案に対処する体制の整備に努めるものとする。	２　（同上）
３　インターネットを通じていじめが行われた場合において、当該いじめを受けた児童等又はその保護者は、当該いじめに係る情報の削除を求め、又は発信者情報（特定電気通信役務提供者の損害賠償責任の制限及び発信者情報の開示に関する法律（平成十三年法律第百三十七号）<u>第二条第六号</u>に規定する発信者情報をいう。）の開示を請求しようとするときは、必要に応じ、法務局又は地方法務局の協力を求めることができる。	３　インターネットを通じていじめが行われた場合において、当該いじめを受けた児童等又はその保護者は、当該いじめに係る情報の削除を求め、又は発信者情報（特定電気通信役務提供者の損害賠償責任の制限及び発信者情報の開示に関する法律（平成十三年法律第百三十七号）<u>第四条第一項</u>に規定する発信者情報をいう。）の開示を請求しようとするときは、必要に応じ、法務局又は地方法務局の協力を求めることができる。

3　私事性的画像記録の提供等による被害の防止に関する法律（平成26年法律第126号）
　（附則第五条関係）

（傍線部分は改正部分）

改　正　後	現　行
（特定電気通信役務提供者の損害賠償責任の制限及び発信者情報の開示に関する法律の特例）	（特定電気通信役務提供者の損害賠償責任の制限及び発信者情報の開示に関する法律の特例）
第四条　特定電気通信役務提供者の損害賠償責任の制限及び発信者情報の開示に関する法律第三条第二項及び第四条（第一号に係る部分に限る。）の場合のほか、特定電気通信役務提供者（同法第二条第三号に規定する特定電気通信役務提供者をいう。第一号及び第二号において同じ。）は、特定電気通信（同法第二条第一号に規定する特定電気通信をいう。第一号において同じ。）による情報の送信を防止する措置を講じた場合において、当該措置により送信を防止された情報の発信者（同法第二条第四号に規定する発信者をいう。第二号及び第三号において同じ。）に生じた損害については、当該措置が当該情報の不特定の者に対する送信を防止するために必要な限度において行われたものである場合であって、次の各号のいずれにも該当するときは、賠償の責めに任じない。	第四条　特定電気通信役務提供者の損害賠償責任の制限及び発信者情報の開示に関する法律第三条第二項及び第三条の二第一号の場合のほか、特定電気通信役務提供者（同法第二条第三号に規定する特定電気通信役務提供者をいう。以下この条において同じ。）は、特定電気通信（同条第一号に規定する特定電気通信をいう。以下この条において同じ。）による情報の送信を防止する措置を講じた場合において、当該措置により送信を防止された情報の発信者（同条第四号に規定する発信者をいう。以下この条において同じ。）に生じた損害については、当該措置が当該情報の不特定の者に対する送信を防止するために必要な限度において行われたものである場合であって、次の各号のいずれにも該当するときは、賠償の責めに任じない。
一　特定電気通信による情報であって私事性的画像記録に係るものの流通によって自己の名誉又は私生活の平穏（以下この号において「名誉等」という。）を侵害されたとする者（撮影対象者（当該撮影対象者が死亡している場合にあっては、その配偶者、直系の親族又は兄弟姉妹）に限る。）から、当該名誉等を侵害した	一　特定電気通信による情報であって私事性的画像記録に係るものの流通によって自己の名誉又は私生活の平穏（以下この号において「名誉等」という。）を侵害されたとする者（撮影対象者（当該撮影対象者が死亡している場合にあっては、その配偶者、直系の親族又は兄弟姉妹）に限る。）から、当該名誉等を侵害した

改　正　後	現　　行
とする情報（以下この号及び次号において「私事性的画像侵害情報」という。）、名誉等が侵害された旨、名誉等が侵害されたとする理由及び当該私事性的画像侵害情報が私事性的画像記録に係るものである旨(同号において「私事性的画像侵害情報等」という。)を示して当該特定電気通信役務提供者に対し私事性的画像侵害情報の送信を防止する措置（以下この条及び次条において「私事性的画像侵害情報送信防止措置」という。）を講ずるよう申出があったとき。	とする情報（以下この号及び次号において「私事性的画像侵害情報」という。）、名誉等が侵害された旨、名誉等が侵害されたとする理由及び当該私事性的画像侵害情報が私事性的画像記録に係るものである旨(次号において「私事性的画像侵害情報等」という。)を示して当該特定電気通信役務提供者に対し私事性的画像侵害情報の送信を防止する措置（以下_____「私事性的画像侵害情報送信防止措置」という。）を講ずるよう申出があったとき。
二　当該特定電気通信役務提供者が、当該私事性的画像侵害情報の発信者に対し当該私事性的画像侵害情報等を示して当該私事性的画像侵害情報送信防止措置を講ずることに同意するかどうかを照会したとき。	二　（同上）
三　当該発信者が当該照会を受けた日から二日を経過しても当該発信者から当該私事性的画像侵害情報送信防止措置を講ずることに同意しない旨の申出がなかったとき。	三　（同上）

資料2　特定電気通信役務提供者の損害賠償責任の制限及び発信者情報の開示
に関する法律の一部を改正する法律（令和3年法律第27号）附則

（施行期日）

第一条　この法律は、公布の日から起算して一年六月を超えない範囲内において
政令で定める日から施行する。

（発信者の意見の聴取に関する経過措置）

第二条　この法律の施行の日前にしたこの法律による改正前の特定電気通信役務
提供者の損害賠償責任の制限及び発信者情報の開示に関する法律第四条第二項
の規定による意見の聴取は、この法律による改正後の特定電気通信役務提供者
の損害賠償責任の制限及び発信者情報の開示に関する法律（次条において「新
法」という。）第六条第一項の規定によりされた意見の聴取とみなす。

（検討）

第三条　政府は、この法律の施行後五年を経過した場合において、新法の施行の
状況について検討を加え、その結果に基づいて必要な措置を講ずるものとする。

（いじめ防止対策推進法の一部改正）

第四条　いじめ防止対策推進法（平成二十五年法律第七十一号）の一部を次のよ
うに改正する。

　　　第十九条第三項中「第四条第一項」を「第二条第六号」に改める。

（私事性的画像記録の提供等による被害の防止に関する法律の一部改正）

第五条　私事性的画像記録の提供等による被害の防止に関する法律（平成二十六
年法律第百二十六号）の一部を次のように改正する。

　　　第四条中「第三条の二第一号」を「第四条（第一号に係る部分に限る。）」
に、「以下この条において同じ。）は」を「第一号及び第二号において同じ。）
は」に、「同条第一号」を「同法第二条第一号」に、「特定電気通信をいう。以
下この条」を「特定電気通信をいう。第一号」に、「同条第四号」を「同法第二
条第四号」に、「発信者をいう。以下この条」を「発信者をいう。第二号及び第
三号」に改め、同条第一号中「（次号」を「（同号」に改め、「措置（以下」の下
に「この条及び次条において」を加える。

資料3　読　替　表

1　改正後の特定電気通信役務提供者の損害賠償責任の制限及び発信者情報の開示に関す
る法律第十四条第六項の規定による非訟事件手続法第五十九条第一項の読替え

（凡例　＿＿＝読替え）

読　替　後	読　替　前
（終局決定の取消し又は変更） 第五十九条　裁判所は、終局決定をした後、その決定を不当と認めるときは、次に掲げる決定を除き、職権で、これを取り消し、又は変更することができる。 　一　申立てによってのみ裁判をすべき場合において申立てを却下した決定 　二　異議の訴えを提起することができる決定 2〜4　（略）	（終局決定の取消し又は変更） 第五十九条　裁判所は、終局決定をした後、その決定を不当と認めるときは、次に掲げる決定を除き、職権で、これを取り消し、又は変更することができる。 　一　申立てによってのみ裁判をすべき場合において申立てを却下した決定 　二　即時抗告をする　　　ことができる決定 2〜4　（同上）

2　改正後の特定電気通信役務提供者の損害賠償責任の制限及び発信者情報の開示に関する法律第十五条第二項の規定による同条第一項の読替え（当該特定発信者情報の開示の請求について第五条第一項第三号に該当すると認められる場合）

（凡例 ＿＿＿＝読替え）

読　替　後	読　替　前
（提供命令） 第十五条　本案の発信者情報開示命令事件が係属する裁判所は、発信者情報開示命令の申立てに係る侵害情報の発信者を特定することができなくなることを防止するため必要があると認めるときは、当該発信者情報開示命令の申立てをした者（以下この項において「申立人」という。）の申立てにより、決定で、当該発信者情報開示命令の申立ての相手方である開示関係役務提供者に対し、次に掲げる事項を命ずることができる。 一　当該申立人に対し、次のイ又はロに掲げる場合の区分に応じそれぞれ当該イ又はロに定める事項（イに掲げる場合に該当すると認めるときは、イに定める事項）を書面又は電磁的方法（電子情報処理組織を使用する方法その他の情報通信の技術を利用する方法であって総務省令で定めるものをいう。次号において同じ。）により提供すること。 　イ　当該開示関係役務提供者がその保有する発信者情報（当該発信者情報開示命令の申立てに係る第五条第一項に規定する特定発信者情報に限る。以下この項において同じ。）により当該侵害情報に係る他の開示関係役務提供者（当該侵害情報の発信者であると認めるものを除く。ロに	（提供命令） 第十五条　本案の発信者情報開示命令事件が係属する裁判所は、発信者情報開示命令の申立てに係る侵害情報の発信者を特定することができなくなることを防止するため必要があると認めるときは、当該発信者情報開示命令の申立てをした者（以下この項において「申立人」という。）の申立てにより、決定で、当該発信者情報開示命令の申立ての相手方である開示関係役務提供者に対し、次に掲げる事項を命ずることができる。 一　当該申立人に対し、次のイ又はロに掲げる場合の区分に応じそれぞれ当該イ又はロに定める事項（イに掲げる場合に該当すると認めるときは、イに定める事項）を書面又は電磁的方法（電子情報処理組織を使用する方法その他の情報通信の技術を利用する方法であって総務省令で定めるものをいう。次号において同じ。）により提供すること。 　イ　当該開示関係役務提供者がその保有する発信者情報（当該発信者情報開示命令の申立てに係るもの＿＿＿＿＿＿＿＿＿＿に限る。以下この項において同じ。）により当該侵害情報に係る他の開示関係役務提供者（当該侵害情報の発信者であると認めるものを除く。ロに

おいて同じ。）の氏名又は名称及び住所（以下この項及び第三項において「他の開示関係役務提供者の氏名等情報」という。）の特定をすることができる場合　当該他の開示関係役務提供者の氏名等情報

ロ　当該開示関係役務提供者が当該侵害情報に係る他の開示関係役務提供者を特定するために用いることができる発信者情報として総務省令で定めるものを保有していない場合又は当該開示関係役務提供者がその保有する当該発信者情報によりイに規定する特定をすることができない場合　その旨

二　この項の規定による命令（以下この条において「提供命令」といい、前号に係る部分に限る。）により他の開示関係役務提供者の氏名等情報の提供を受けた当該申立人から、当該他の開示関係役務提供者を相手方として当該侵害情報についての発信者情報開示命令の申立てをした旨の書面又は電磁的方法による通知を受けたときは、当該他の開示関係役務提供者に対し、当該開示関係役務提供者が保有する発信者情報を書面又は電磁的方法により提供すること。

2〜5　（略）

おいて同じ。）の氏名又は名称及び住所（以下この項及び第三項において「他の開示関係役務提供者の氏名等情報」という。）の特定をすることができる場合　当該他の開示関係役務提供者の氏名等情報

ロ　当該開示関係役務提供者が当該侵害情報に係る他の開示関係役務提供者を特定するために用いることができる発信者情報として総務省令で定めるものを保有していない場合又は当該開示関係役務提供者がその保有する当該発信者情報によりイに規定する特定をすることができない場合　その旨

二　この項の規定による命令（以下この条において「提供命令」といい、前号に係る部分に限る。）により他の開示関係役務提供者の氏名等情報の提供を受けた当該申立人から、当該他の開示関係役務提供者を相手方として当該侵害情報についての発信者情報開示命令の申立てをした旨の書面又は電磁的方法による通知を受けたときは、当該他の開示関係役務提供者に対し、当該開示関係役務提供者が保有する発信者情報を書面又は電磁的方法により提供すること。

2〜5　（同上）

3　改正後の特定電気通信役務提供者の損害賠償責任の制限及び発信者情報の開示に関する法律第十五条第二項の規定による同条第一項の読替え（当該特定発信者情報の開示の請求について第五条第一項第三号に該当すると認められない場合）

（凡例 ＿＿＿＝読替え）

読　替　後	読　替　前
（提供命令） 第十五条　本案の発信者情報開示命令事件が係属する裁判所は、発信者情報開示命令の申立てに係る侵害情報の発信者を特定することができなくなることを防止するため必要があると認めるときは、当該発信者情報開示命令の申立てをした者（以下この項において「申立人」という。）の申立てにより、決定で、当該発信者情報開示命令の申立ての相手方である開示関係役務提供者に対し、次に掲げる事項を命ずることができる。 一　当該申立人に対し、次のイ又はロに掲げる場合の区分に応じそれぞれ当該イ又はロに定める事項（イに掲げる場合に該当すると認めるときは、イに定める事項）を書面又は電磁的方法（電子情報処理組織を使用する方法その他の情報通信の技術を利用する方法であって総務省令で定めるものをいう。次号において同じ。）により提供すること。 イ　当該開示関係役務提供者がその保有する発信者情報（当該発信者情報開示命令の申立てに係る第五条第一項に規定する特定発信者情報以外の発信者情報に限る。以下この項において同じ。）により当該侵害情報に係る他の開示関係役務提供者（当該侵害情報の発信者であると認めるも	（提供命令） 第十五条　本案の発信者情報開示命令事件が係属する裁判所は、発信者情報開示命令の申立てに係る侵害情報の発信者を特定することができなくなることを防止するため必要があると認めるときは、当該発信者情報開示命令の申立てをした者（以下この項において「申立人」という。）の申立てにより、決定で、当該発信者情報開示命令の申立ての相手方である開示関係役務提供者に対し、次に掲げる事項を命ずることができる。 一　当該申立人に対し、次のイ又はロに掲げる場合の区分に応じそれぞれ当該イ又はロに定める事項（イに掲げる場合に該当すると認めるときは、イに定める事項）を書面又は電磁的方法（電子情報処理組織を使用する方法その他の情報通信の技術を利用する方法であって総務省令で定めるものをいう。次号において同じ。）により提供すること。 イ　当該開示関係役務提供者がその保有する発信者情報（当該発信者情報開示命令の申立てに係るものに限る。以下この項において同じ。）により当該侵害情報に係る他の開示関係役務提供者（当該侵害情報の発信者であると認めるも

のを除く。ロにおいて同じ。）の氏
名又は名称及び住所（以下この項及
び第三項において「他の開示関係役
務提供者の氏名等情報」という。）
の特定をすることができる場合　当
該他の開示関係役務提供者の氏名等
情報
　ロ　当該開示関係役務提供者が当該侵
害情報に係る他の開示関係役務提供
者を特定するために用いることがで
きる発信者情報として総務省令で定
めるものを保有していない場合又は
当該開示関係役務提供者がその保有
する当該発信者情報によりイに規定
する特定をすることができない場合
その旨
二　この項の規定による命令（以下この
条において「提供命令」といい、前号
に係る部分に限る。）により他の開示
関係役務提供者の氏名等情報の提供を
受けた当該申立人から、当該他の開示
関係役務提供者を相手方として当該侵
害情報についての発信者情報開示命令
の申立てをした旨の書面又は電磁的方
法による通知を受けたときは、当該他
の開示関係役務提供者に対し、当該開
示関係役務提供者が保有する発信者情
報を書面又は電磁的方法により提供す
ること。
2〜5　（略）

のを除く。ロにおいて同じ。）の氏
名又は名称及び住所（以下この項及
び第三項において「他の開示関係役
務提供者の氏名等情報」という。）
の特定をすることができる場合　当
該他の開示関係役務提供者の氏名等
情報
　ロ　当該開示関係役務提供者が当該侵
害情報に係る他の開示関係役務提供
者を特定するために用いることがで
きる発信者情報として総務省令で定
めるものを保有していない場合又は
当該開示関係役務提供者がその保有
する当該発信者情報によりイに規定
する特定をすることができない場合
その旨
二　この項の規定による命令（以下この
条において「提供命令」といい、前号
に係る部分に限る。）により他の開示
関係役務提供者の氏名等情報の提供を
受けた当該申立人から、当該他の開示
関係役務提供者を相手方として当該侵
害情報についての発信者情報開示命令
の申立てをした旨の書面又は電磁的方
法による通知を受けたときは、当該他
の開示関係役務提供者に対し、当該開
示関係役務提供者が保有する発信者情
報を書面又は電磁的方法により提供す
ること。
2〜5　（同上）

資料 4　新法と非訟事件手続法の適用関係表

※　各欄中の「○」は「非訟事件手続法第 2 編の規定」の欄に記載の規律が適用されること、「×」は適用されないこと、「△」は準用又は類推適用されることを、それぞれ意味する。

非訟事件手続法等	非訟事件手続法第 2 編の規定	新法（以下「法」は新法を指す）	
		開示命令事件	提供命令事件及び消去禁止命令事件
第 4 条	裁判所は、非訟事件の手続が公正かつ迅速に行われるように努め、当事者は、信義に従い誠実に非訟事件の手続を追行しなければならない。	○	○
国際裁判管轄	定めなし。	法 9 に規定あり。	開示命令事件の国際裁判管轄に従う。
第 5 条	非訟事件は、管轄が人の住所地により定まる場合において、日本国内に住所がないとき又は住所が知れないときはその居所地を管轄する裁判所の管轄に属し、日本国内に居所がないとき又は居所が知れないときはその最後の住所地を管轄する裁判所の管轄に属する。	法 10 に規定あり。	開示命令事件の裁判管轄に従う（法 15 Ⅰ、16 Ⅰ）。
	2　非訟事件は、管轄が法人その他の社団又は財団（外国の社団又は財団を除く。）の住所地により定まる場合において、日本国内に住所がないとき、又は住所が知れないときは、代表者その他の主たる業務担当者の住所地を管轄する裁判所の管轄に属する。		
	3　非訟事件は、管轄が外国の社団又は財団の住所地により定まる場合においては、日本における主たる事務所又は営業所の所在地を管轄する裁判所の管轄に属し、日本国内に事務所又は営業所がないときは日本における代表者その他の主たる業務担当者の住所地を管轄する裁判所の管轄に属する。		
第 6 条	この法律の他の規定又は他の法令の規定により二以上の裁判所が管轄権を有するときは、非訟事件は、先に申立てを受け、又は職権で手続を開始した裁判所が管轄する。ただし、その裁判所は、非訟事件の手続が遅滞することを避けるため必要があると認めるときその	○	開示命令事件の裁判管轄に従う（法 15 Ⅰ、16 Ⅰ）。

	他相当と認めるときは、申立てにより又は職権で、非訟事件の全部又は一部を他の管轄裁判所に移送することができる。		
第7条	管轄裁判所が法律上又は事実上裁判権を行うことができないときは、その裁判所の直近上級の裁判所は、申立てにより又は職権で、管轄裁判所を定める。	○	開示命令事件の裁判管轄に従う（法15Ⅰ、16Ⅰ）。
	2　裁判所の管轄区域が明確でないため管轄裁判所が定まらないときは、関係のある裁判所に共通する直近上級の裁判所は、申立てにより又は職権で、管轄裁判所を定める。		
	3　前二項の規定により管轄裁判所を定める裁判に対しては、不服を申し立てることができない。		
	4　第一項又は第二項の申立てを却下する裁判に対しては、即時抗告をすることができる。		
第8条	この法律の他の規定又は他の法令の規定により非訟事件の管轄が定まらないときは、その非訟事件は、裁判を求める事項に係る財産の所在地又は最高裁判所規則で定める地を管轄する裁判所の管轄に属する。	法10Ⅱに規定あり。	開示命令事件の裁判管轄に従う（法15Ⅰ、16Ⅰ）。
合意管轄	定めなし。	法10Ⅳに規定あり。	開示命令事件の管轄に従う（法15Ⅰ、16Ⅰ）。
第9条	裁判所の管轄は、非訟事件の申立てがあった時又は裁判所が職権で非訟事件の手続を開始した時を標準として定める。	○	×　ただし、「又は裁判所が職権で非訟事件の手続を開始した時」は○であるが、申立てにより手続が開始されるため、適用される場面がない。
第10条	民事訴訟法（平成八年法律第百九号）第十六条（第二項ただし書を除く。）、第十八条、第二十一条及び第二十二条の規定は、非訟事件の移送等について準用する。	○　ただし、民事訴訟法16Ⅱと18の準用部分は、簡易裁判所の管轄に関する規定のため、適用さ	開示命令事件の裁判管轄に従う（法15Ⅰ、16Ⅰ）。
	2　非訟事件の移送の裁判に対する即時抗告は、執行停止の効力を有する。		

		れる場面がない。	
第11条	裁判官は、次に掲げる場合には、その職務の執行から除斥される。ただし、第六号に掲げる場合にあっては、他の裁判所の嘱託により受託裁判官としてその職務を行うことを妨げない。	○	○
	一　裁判官又はその配偶者若しくは配偶者であった者が、事件の当事者若しくはその他の裁判を受ける者となるべき者（終局決定（申立てを却下する終局決定を除く。）がされた場合において、その裁判を受ける者となる者をいう。以下同じ。）であるとき、又は事件についてこれらの者と共同権利者、共同義務者若しくは償還義務者の関係にあるとき。		
	二　裁判官が当事者又はその他の裁判を受ける者となるべき者の四親等内の血族、三親等内の姻族若しくは同居の親族であるとき、又はあったとき。		
	三　裁判官が当事者又はその他の裁判を受ける者となるべき者の後見人、後見監督人、保佐人、保佐監督人、補助人又は補助監督人であるとき。		
	四　裁判官が事件について証人若しくは鑑定人となったとき、又は審問を受けることとなったとき。		
	五　裁判官が事件について当事者若しくはその他の裁判を受ける者となるべき者の代理人若しくは補佐人であるとき、又はあったとき。		
	六　裁判官が事件について仲裁判断に関与し、又は不服を申し立てられた前審の裁判に関与したとき。		
	2　前項に規定する除斥の原因があるときは、裁判所は、申立てにより又は職権で、除斥の裁判をする。		
第12条	裁判官について裁判の公正を妨げる事情があるときは、当事者は、その裁判官を忌避することができる。	○	○
	2　当事者は、裁判官の面前において事件について陳述をしたときは、その裁判官を忌避することができない。ただし、忌避の原因があることを知らなかったとき、又は忌避の原		

	因がその後に生じたときは、この限りでない。		
第13条	合議体の構成員である裁判官及び地方裁判所の一人の裁判官の除斥又は忌避についてはその裁判官の所属する裁判所が、簡易裁判所の裁判官の除斥又は忌避についてはその裁判所の所在地を管轄する地方裁判所が、裁判をする。	○	○
	2　地方裁判所における前項の裁判は、合議体でする。		
	3　裁判官は、その除斥又は忌避についての裁判に関与することができない。		
	4　除斥又は忌避の申立てがあったときは、その申立てについての裁判が確定するまで非訟事件の手続を停止しなければならない。ただし、急速を要する行為については、この限りでない。		
	5　次に掲げる事由があるとして忌避の申立てを却下する裁判をするときは、第三項の規定は、適用しない。		
	一　非訟事件の手続を遅滞させる目的のみでされたことが明らかなとき。		
	二　前条第二項の規定に違反するとき。		
	三　最高裁判所規則で定める手続に違反するとき。		
	6　前項の裁判は、第一項及び第二項の規定にかかわらず、忌避された受命裁判官等（受命裁判官、受託裁判官又は非訟事件を取り扱う地方裁判所の一人の裁判官若しくは簡易裁判所の裁判官をいう。次条第三項ただし書において同じ。）がすることができる。		
	7　第五項の裁判をした場合には、第四項本文の規定にかかわらず、非訟事件の手続は停止しない。		
	8　除斥又は忌避を理由があるとする裁判に対しては、不服を申し立てることができない。		
	9　除斥又は忌避の申立てを却下する裁判に対しては、即時抗告をすることができる。		
第14条	裁判所書記官の除斥及び忌避については、第十一条、第十二条並びに前条第三項、第五項、第八項及び第九項の規定を準用する。	○	△ 類推適用

	2　裁判所書記官について除斥又は忌避の申立てがあったときは、その裁判所書記官は、その申立てについての裁判が確定するまでその申立てがあった非訟事件に関与することができない。ただし、前項において準用する前条第五項各号に掲げる事由があるとして忌避の申立てを却下する裁判があったときは、この限りでない。		
	3　裁判所書記官の除斥又は忌避についての裁判は、裁判所書記官の所属する裁判所がする。ただし、前項ただし書の裁判は、受命裁判官等（受命裁判官又は受託裁判官にあっては、当該裁判官の手続に立ち会う裁判所書記官が忌避の申立てを受けたときに限る。）がすることができる。		
第15条	非訟事件の手続における専門委員の除斥及び忌避については、第十一条、第十二条、第十三条第八項及び第九項並びに前条第二項及び第三項の規定を準用する。この場合において、同条第二項ただし書中「前項において準用する前条第五項各号」とあるのは、「第十三条第五項各号」と読み替えるものとする。	○	○
第16条	当事者能力、非訟事件の手続における手続上の行為（以下「手続行為」という。）をすることができる能力（以下この項及び第七十四条第一項において「手続行為能力」という。）、手続行為能力を欠く者の法定代理及び手続行為をするのに必要な授権については、民事訴訟法第二十八条、第二十九条、第三十一条、第三十三条並びに第三十四条第一項及び第二項の規定を準用する。	○	○
	2　被保佐人、被補助人（手続行為をすることにつきその補助人の同意を得ることを要するものに限る。次項において同じ。）又は後見人その他の法定代理人が他の者がした非訟事件の申立て又は抗告について手続行為をするには、保佐人若しくは保佐監督人、補助人若しくは補助監督人又は後見監督人の同意その他の授権を要しない。職権により手続が開始された場合についても、同様とする。		△ 類推適用
	3　被保佐人、被補助人又は後見人その他の法定代理人が次に掲げる手続行為をするには、特別の授権がなければならない。		

	一　非訟事件の申立ての取下げ又は和解		
	二　終局決定に対する抗告若しくは異議又は第七十七条第二項の申立ての取下げ		
第17条	裁判長は、未成年者又は成年被後見人について、法定代理人がない場合又は法定代理人が代理権を行うことができない場合において、非訟事件の手続が遅滞することにより損害が生ずるおそれがあるときは、利害関係人の申立てにより又は職権で、特別代理人を選任することができる。	○	○
	2　特別代理人の選任の裁判は、疎明に基づいてする。		
	3　裁判所は、いつでも特別代理人を改任することができる。		
	4　特別代理人が手続行為をするには、後見人と同一の授権がなければならない。		
	5　第一項の申立てを却下する裁判に対しては、即時抗告をすることができる。		
第18条	法定代理権の消滅は、本人又は代理人から裁判所に通知しなければ、その効力を生じない。	○	○
第19条	法人の代表者及び法人でない社団又は財団で当事者能力を有するものの代表者又は管理人については、この法律中法定代理及び法定代理人に関する規定を準用する。	○	○
第20条	当事者となる資格を有する者は、当事者として非訟事件の手続に参加することができる。	○	○
	2　前項の規定による参加（次項において「当事者参加」という。）の申出は、参加の趣旨及び理由を記載した書面でしなければならない。		
	3　当事者参加の申出を却下する裁判に対しては、即時抗告をすることができる。		
第21条	裁判を受ける者となるべき者は、非訟事件の手続に参加することができる。	○	○
	2　裁判を受ける者となるべき者以外の者であって、裁判の結果により直接の影響を受けるもの又は当事者となる資格を有するものは、裁判所の許可を得て、非訟事件の手続に参加することができる。		

	3　前条第二項の規定は、第一項の規定による参加の申出及び前項の規定による参加の許可の申立てについて準用する。		
	4　第一項の規定による参加の申出を却下する裁判に対しては、即時抗告をすることができる。		
	5　第一項又は第二項の規定により非訟事件の手続に参加した者（以下「利害関係参加人」という。）は、当事者がすることができる手続行為（非訟事件の申立ての取下げ及び変更並びに裁判に対する不服申立て及び裁判所書記官の処分に対する異議の取下げを除く。）をすることができる。ただし、裁判に対する不服申立て及び裁判所書記官の処分に対する異議の申立てについては、利害関係参加人が不服申立て又は異議の申立てに関するこの法律の他の規定又は他の法令の規定によりすることができる場合に限る。		
第22条	法令により裁判上の行為をすることができる代理人のほか、弁護士でなければ手続代理人となることができない。	○	○
	ただし、第一審裁判所においては、その許可を得て、弁護士でない者を手続代理人とすることができる。	× 法17により適用除外	× 法17により適用除外
	2　前項ただし書の許可は、いつでも取り消すことができる。	第1項ただし書が適用除外されるため、適用される場面がない。	第1項ただし書が適用除外されるため、適用される場面がない。
第23条	手続代理人は、委任を受けた事件について、参加、強制執行及び保全処分に関する行為をし、かつ、弁済を受領することができる。	○	○
	2　手続代理人は、次に掲げる事項については、特別の委任を受けなければならない。		
	一　非訟事件の申立ての取下げ又は和解		△ 類推適用
	二　終局決定に対する抗告若しくは異議又は第七十七条第二項の申立て		
	三　前号の抗告、異議又は申立ての取下げ		
	四　代理人の選任		○
	3　手続代理人の代理権は、制限することができない。ただし、弁護士でない手続代理人		

	については、この限りでない。		
	4　前三項の規定は、法令により裁判上の行為をすることができる代理人の権限を妨げない。		
第24条	第十八条並びに民事訴訟法第三十四条（第三項を除く。）及び第五十六条から第五十八条まで（同条第三項を除く。）の規定は、手続代理人及びその代理権について準用する。	○	○
第25条	非訟事件の手続における補佐人については、民事訴訟法第六十条の規定を準用する。	○	○
第26条	非訟事件の手続の費用（以下「手続費用」という。）は、特別の定めがある場合を除き、各自の負担とする。	○	○
	2　裁判所は、事情により、この法律の他の規定（次項を除く。）又は他の法令の規定によれば当事者、利害関係参加人その他の関係人がそれぞれ負担すべき手続費用の全部又は一部を、その負担すべき者以外の者であって次に掲げるものに負担させることができる。		
	一　当事者又は利害関係参加人		
	二　前号に掲げる者以外の裁判を受ける者となるべき者		
	三　前号に掲げる者に準ずる者であって、その裁判により直接に利益を受けるもの		
	3　前二項又は他の法令の規定によれば法務大臣又は検察官が負担すべき手続費用は、国庫の負担とする。		
第27条	事実の調査、証拠調べ、呼出し、告知その他の非訟事件の手続に必要な行為に要する費用は、国庫において立て替えることができる。	× 法17により適用除外	× 法17により適用除外
第28条	民事訴訟法第六十七条から第七十四条までの規定（裁判所書記官の処分に対する異議の申立てについての決定に対する即時抗告に関する部分を除く。）は、手続費用の負担について準用する。この場合において、同法第七十三条第一項中「補助参加の申出の取下げ又は補助参加についての異議の取下げ」とあるのは「非訟事件手続法（平成二十三年法律第五十一号）第二十条第一項若しくは第二十一条第一項の規定による参加の申出の取下げ又は同条第二項の規定による参加の許可の申立て	○	○

	の取下げ」と、同条第二項中「第六十一条から第六十六条まで及び」とあるのは「非訟事件手続法第二十八条第一項において準用する」と読み替えるものとする。		
	2　前項において準用する民事訴訟法第六十九条第三項の規定による即時抗告並びに同法第七十一条第四項（前項において準用する同法第七十二条後段において準用する場合を含む。）、第七十三条第二項及び第七十四条第二項の異議の申立てについての裁判に対する即時抗告は、執行停止の効力を有する。		
第29条	非訟事件の手続の準備及び追行に必要な費用を支払う資力がない者又はその支払により生活に著しい支障を生ずる者に対しては、裁判所は、申立てにより、手続上の救助の裁判をすることができる。ただし、救助を求める者が不当な目的で非訟事件の申立てその他の手続行為をしていることが明らかなときは、この限りでない。	○	○
	2　民事訴訟法第八十二条第二項及び第八十三条から第八十六条まで（同法第八十三条第一項第三号を除く。）の規定は、手続上の救助について準用する。この場合において、同法第八十四条中「第八十二条第一項本文」とあるのは、「非訟事件手続法第二十九条第一項本文」と読み替えるものとする。		
第30条	非訟事件の手続は、公開しない。ただし、裁判所は、相当と認める者の傍聴を許すことができる。	○	○
第31条	裁判所書記官は、非訟事件の手続の期日について、調書を作成しなければならない。ただし、証拠調べの期日以外の期日については、裁判長においてその必要がないと認めるときは、その経過の要領を記録上明らかにすることをもって、これに代えることができる。	○	○
第32条	当事者又は利害関係を疎明した第三者は、裁判所の許可を得て、裁判所書記官に対し、非訟事件の記録の閲覧若しくは謄写、その正本、謄本若しくは抄本の交付又は非訟事件に関する事項の証明書の交付（第百十二条において「記録の閲覧等」という。）を請求することができる。	法12に規定あり。	法12の類推適用

	2　前項の規定は、非訟事件の記録中の録音テープ又はビデオテープ（これらに準ずる方法により一定の事項を記録した物を含む。）に関しては、適用しない。この場合において、当事者又は利害関係を疎明した第三者は、裁判所の許可を得て、裁判所書記官に対し、これらの物の複製を請求することができる。		
	3　裁判所は、当事者から前二項の規定による許可の申立てがあった場合においては、当事者又は第三者に著しい損害を及ぼすおそれがあると認めるときを除き、これを許可しなければならない。		
	4　裁判所は、利害関係を疎明した第三者から第一項又は第二項の規定による許可の申立てがあった場合において、相当と認めるときは、これを許可することができる。		
	5　裁判書の正本、謄本若しくは抄本又は非訟事件に関する事項の証明書については、当事者は、第一項の規定にかかわらず、裁判所の許可を得ないで、裁判所書記官に対し、その交付を請求することができる。裁判を受ける者が当該裁判があった後に請求する場合も、同様とする。		
	6　非訟事件の記録の閲覧、謄写及び複製の請求は、非訟事件の記録の保存又は裁判所の執務に支障があるときは、することができない。		
	7　第三項の申立てを却下した裁判に対しては、即時抗告をすることができる。		
	8　前項の規定による即時抗告が非訟事件の手続を不当に遅滞させることを目的としてされたものであると認められるときは、原裁判所は、その即時抗告を却下しなければならない。		
	9　前項の規定による裁判に対しては、即時抗告をすることができる。		
第 33 条	裁判所は、的確かつ円滑な審理の実現のため、又は和解を試みるに当たり、必要があると認めるときは、当事者の意見を聴いて、専門的な知見に基づく意見を聴くために専門委員を非訟事件の手続に関与させることができ	○	○

	る。この場合において、専門委員の意見は、裁判長が書面により又は当事者が立ち会うことができる非訟事件の手続の期日において口頭で述べさせなければならない。		
	2　裁判所は、当事者の意見を聴いて、前項の規定による専門委員を関与させる裁判を取り消すことができる。		
	3　裁判所は、必要があると認めるときは、専門委員を非訟事件の手続の期日に立ち会わせることができる。この場合において、裁判長は、専門委員が当事者、証人、鑑定人その他非訟事件の手続の期日に出頭した者に対し直接に問いを発することを許すことができる。		
	4　裁判所は、専門委員が遠隔の地に居住しているときその他相当と認めるときは、当事者の意見を聴いて、最高裁判所規則で定めるところにより、裁判所及び当事者双方が専門委員との間で音声の送受信により同時に通話をすることができる方法によって、専門委員に第一項の意見を述べさせることができる。この場合において、裁判長は、専門委員が当事者、証人、鑑定人その他非訟事件の手続の期日に出頭した者に対し直接に問いを発することを許すことができる。		
	5　民事訴訟法第九十二条の五の規定は、第一項の規定により非訟事件の手続に関与させる専門委員の指定及び任免等について準用する。この場合において、同条第二項中「第九十二条の二」とあるのは、「非訟事件手続法第三十三条第一項」と読み替えるものとする。		
	6　受命裁判官又は受託裁判官が第一項の手続を行う場合には、同項から第四項までの規定及び前項において準用する民事訴訟法第九十二条の五第二項の規定による裁判所及び裁判長の職務は、その裁判官が行う。ただし、証拠調べの期日における手続を行う場合には、専門委員を手続に関与させる裁判、その裁判の取消し及び専門委員の指定は、非訟事件が係属している裁判所がする。		
第34条	非訟事件の手続の期日は、職権で、裁判長が指定する。	○	○

	2　非訟事件の手続の期日は、やむを得ない場合に限り、日曜日その他の一般の休日に指定することができる。		
	3　非訟事件の手続の期日の変更は、顕著な事由がある場合に限り、することができる。		
	4　民事訴訟法第九十四条から第九十七条までの規定は、非訟事件の手続の期日及び期間について準用する。		
第35条	裁判所は、非訟事件の手続を併合し、又は分離することができる。	○	○
	2　裁判所は、前項の規定による裁判を取り消すことができる。		
	3　裁判所は、当事者を異にする非訟事件について手続の併合を命じた場合において、その前に尋問をした証人について、尋問の機会がなかった当事者が尋問の申出をしたときは、その尋問をしなければならない。		△ 類推適用
第36条	当事者が死亡、資格の喪失その他の事由によって非訟事件の手続を続行することができない場合には、法令により手続を続行する資格のある者は、その手続を受け継がなければならない。	○	○
	2　法令により手続を続行する資格のある者が前項の規定による受継の申立てをした場合において、その申立てを却下する裁判がされたときは、当該裁判に対し、即時抗告をすることができる。		
	3　第一項の場合には、裁判所は、他の当事者の申立てにより又は職権で、法令により手続を続行する資格のある者に非訟事件の手続を受け継がせることができる。		
第37条	非訟事件の申立人が死亡、資格の喪失その他の事由によってその手続を続行することができない場合において、法令により手続を続行する資格のある者がないときは、当該非訟事件の申立てをすることができる者は、その手続を受け継ぐことができる。	○	△ 類推適用
	2　前項の規定による受継の申立ては、同項の事由が生じた日から一月以内にしなければならない。		

第38条	送達及び非訟事件の手続の中止については、民事訴訟法第一編第五章第四節及び第百三十条から第百三十二条まで（同条第一項を除く。）の規定を準用する。この場合において、同法第百十三条中「その訴訟の目的である請求又は防御の方法」とあるのは、「裁判を求める事項」と読み替えるものとする。	○	○
第39条	裁判所書記官の処分に対する異議の申立てについては、その裁判所書記官の所属する裁判所が裁判をする。	○	○
	2　前項の裁判に対しては、即時抗告をすることができる。		
第40条	検察官は、非訟事件について意見を述べ、その手続の期日に立ち会うことができる。	× 法17により適用除外	× 法17により適用除外
	2　裁判所は、検察官に対し、非訟事件が係属したこと及びその手続の期日を通知するものとする。		
第41条	裁判所その他の官庁、検察官又は吏員は、その職務上検察官の申立てにより非訟事件の裁判をすべき場合が生じたことを知ったときは、管轄裁判所に対応する検察庁の検察官にその旨を通知しなければならない。	○	×
第42条	非訟事件の手続における申立てその他の申述（次項において「申立て等」という。）については、民事訴訟法第百三十二条の十第一項から第五項までの規定（支払督促に関する部分を除く。）を準用する。	○	○
	2　前項において準用する民事訴訟法第百三十二条の十第一項本文の規定によりされた申立て等に係るこの法律その他の法令の規定による非訟事件の記録の閲覧若しくは謄写又はその正本、謄本若しくは抄本の交付は、同条第五項の書面をもってするものとする。当該申立て等に係る書類の送達又は送付も、同様とする。		
第43条	非訟事件の申立ては、申立書（以下この条及び第五十七条第一項において「非訟事件の申立書」という。）を裁判所に提出してしなければならない。	○ なお、申立書の写しを送付することができない	×

	2　非訟事件の申立書には、次に掲げる事項を記載しなければならない。	場合について、非訟事件手続法第43条第4項から第6項までが準用（法11Ⅱ）。	
	一　当事者及び法定代理人		
	二　申立ての趣旨及び原因		
	3　申立人は、二以上の事項について裁判を求める場合において、これらの事項についての非訟事件の手続が同種であり、これらの事項が同一の事実上及び法律上の原因に基づくときは、一の申立てにより求めることができる。		
	4　非訟事件の申立書が第二項の規定に違反する場合には、裁判長は、相当の期間を定め、その期間内に不備を補正すべきことを命じなければならない。民事訴訟費用等に関する法律（昭和四十六年法律第四十号）の規定に従い非訟事件の申立ての手数料を納付しない場合も、同様とする。		
	5　前項の場合において、申立人が不備を補正しないときは、裁判長は、命令で、非訟事件の申立書を却下しなければならない。		
	6　前項の命令に対しては、即時抗告をすることができる。		
申立書の送付等の特則	定めなし。	法11Ⅰに規定あり。	定めなし。
第44条	申立人は、申立ての基礎に変更がない限り、申立ての趣旨又は原因を変更することができる。	○	△ 類推適用
	2　申立ての趣旨又は原因の変更は、非訟事件の手続の期日においてする場合を除き、書面でしなければならない。		
	3　裁判所は、申立ての趣旨又は原因の変更が不適法であるときは、その変更を許さない旨の裁判をしなければならない。		
	4　申立ての趣旨又は原因の変更により非訟事件の手続が著しく遅滞することとなるときは、裁判所は、その変更を許さない旨の裁判をすることができる。		
第45条	非訟事件の手続の期日においては、裁判長が手続を指揮する。	○	○

	2　裁判長は、発言を許し、又はその命令に従わない者の発言を禁止することができる。		
	3　当事者が非訟事件の手続の期日における裁判長の指揮に関する命令に対し異議を述べたときは、裁判所は、その異議について裁判をする。		
陳述の聴取	定めなし。	法11Ⅲに規定あり。	定めなし。
第46条	裁判所は、受命裁判官に非訟事件の手続の期日における手続を行わせることができる。ただし、事実の調査及び証拠調べについては、第五十一条第三項の規定又は第五十三条第一項において準用する民事訴訟法第二編第四章第一節から第六節までの規定により受命裁判官が事実の調査又は証拠調べをすることができる場合に限る。	◯	◯
	2　前項の場合においては、裁判所及び裁判長の職務は、その裁判官が行う。		
第47条	裁判所は、当事者が遠隔の地に居住しているときその他相当と認めるときは、当事者の意見を聴いて、最高裁判所規則で定めるところにより、裁判所及び当事者双方が音声の送受信により同時に通話をすることができる方法によって、非訟事件の手続の期日における手続（証拠調べを除く。）を行うことができる。	◯	◯
	2　非訟事件の手続の期日に出頭しないで前項の手続に関与した者は、その期日に出頭したものとみなす。		
第48条	非訟事件の手続の期日における通訳人の立会い等については民事訴訟法第百五十四条の規定を、非訟事件の手続関係を明瞭にするために必要な陳述をすることができない当事者、利害関係参加人、代理人及び補佐人に対する措置については同法第百五十五条の規定を準用する。	◯	◯
第49条	裁判所は、職権で事実の調査をし、かつ、申立てにより又は職権で、必要と認める証拠調べをしなければならない。	◯	◯
	2　当事者は、適切かつ迅速な審理及び裁判の実現のため、事実の調査及び証拠調べに協力するものとする。		

第50条	疎明は、即時に取り調べることができる資料によってしなければならない。	○	○
第51条	裁判所は、他の地方裁判所又は簡易裁判所に事実の調査を嘱託することができる。	○	○
	2　前項の規定による嘱託により職務を行う受託裁判官は、他の地方裁判所又は簡易裁判所において事実の調査をすることを相当と認めるときは、更に事実の調査の嘱託をすることができる。		
	3　裁判所は、相当と認めるときは、受命裁判官に事実の調査をさせることができる。		
	4　前三項の規定により受託裁判官又は受命裁判官が事実の調査をする場合には、裁判所及び裁判長の職務は、その裁判官が行う。		
第52条	裁判所は、事実の調査をした場合において、その結果が当事者による非訟事件の手続の追行に重要な変更を生じ得るものと認めるときは、これを当事者及び利害関係参加人に通知しなければならない。	○	○
第53条	非訟事件の手続における証拠調べについては、民事訴訟法第二編第四章第一節から第六節までの規定（同法第百七十九条、第百八十二条、第百八十七条から第百八十九条まで、第二百七条第二項、第二百八条、第二百二十四条（同法第二百二十九条第二項及び第二百三十二条第一項において準用する場合を含む。）及び第二百二十九条第四項の規定を除く。）を準用する。	○	○
	2　前項において準用する民事訴訟法の規定による即時抗告は、執行停止の効力を有する。		
	3　当事者が次の各号のいずれかに該当するときは、裁判所は、二十万円以下の過料に処する。		
	一　第一項において準用する民事訴訟法第二百二十三条第一項（同法第二百三十一条において準用する場合を含む。）の規定による提出の命令に従わないとき、又は正当な理由なく第一項において準用する同法第二百三十二条第一項において準用する同法第二百二十三条第一項の規定による提示の命令に従わないとき。		

	二　書証を妨げる目的で第一項において準用する民事訴訟法第二百二十条（同法第二百三十一条において準用する場合を含む。）の規定により提出の義務がある文書（同法第二百三十一条に規定する文書に準ずる物件を含む。）を滅失させ、その他これを使用することができないようにしたとき、又は検証を妨げる目的で検証の目的を滅失させ、その他これを使用することができないようにしたとき。	
	4　当事者が次の各号のいずれかに該当するときは、裁判所は、十万円以下の過料に処する。	
	一　正当な理由なく第一項において準用する民事訴訟法第二百二十九条第二項（同法第二百三十一条において準用する場合を含む。）において準用する同法第二百二十三条第一項の規定による提出の命令に従わないとき。	
	二　対照の用に供することを妨げる目的で対照の用に供すべき筆跡又は印影を備える文書その他の物件を滅失させ、その他これを使用することができないようにしたとき。	
	三　第一項において準用する民事訴訟法第二百二十九条第三項（同法第二百三十一条において準用する場合を含む。）の規定による決定に正当な理由なく従わないとき、又は当該決定に係る対照の用に供すべき文字を書体を変えて筆記したとき。	
	5　裁判所は、当事者本人を尋問する場合には、その当事者に対し、非訟事件の手続の期日に出頭することを命ずることができる。	
	6　民事訴訟法第百九十二条から第百九十四条までの規定は前項の規定により出頭を命じられた当事者が正当な理由なく出頭しない場合について、同法第二百九条第一項及び第二項の規定は出頭した当事者が正当な理由なく宣誓又は陳述を拒んだ場合について準用する。	
	7　この条に規定するもののほか、証拠調べにおける過料についての裁判に関しては、第五編の規定（第百十九条の規定並びに第百二十条及び第百二十二条の規定中検察官に関する部分を除く。）を準用する。	

第 54 条	裁判所は、非訟事件の手続においては、決定で、裁判をする。	○	○
第 55 条	裁判所は、非訟事件が裁判をするのに熟したときは、終局決定をする。	○	△ 非訟事件手続法 第 62 条第 1 項 において準用
	2　裁判所は、非訟事件の一部が裁判をするのに熟したときは、その一部について終局決定をすることができる。手続の併合を命じた数個の非訟事件中その一が裁判をするのに熟したときも、同様とする。		
第 56 条	終局決定は、当事者及び利害関係参加人並びにこれらの者以外の裁判を受ける者に対し、相当と認める方法で告知しなければならない。	○	△ 非訟事件手続法 第 62 条第 1 項 において準用
	2　終局決定（申立てを却下する決定を除く。）は、裁判を受ける者（裁判を受ける者が数人あるときは、そのうちの一人）に告知することによってその効力を生ずる。	○	
	3　申立てを却下する終局決定は、申立人に告知することによってその効力を生ずる。		
	4　終局決定は、即時抗告の期間の満了前には確定しないものとする。	×	
	5　終局決定の確定は、前項の期間内にした即時抗告の提起により、遮断される。		
裁判の具体的効力の定め	定めなし。	法 14 Ｖに規定あり。	定めなし。
第 57 条	終局決定は、裁判書を作成してしなければならない。ただし、即時抗告をすることができない決定については、非訟事件の申立書又は調書に主文を記載することをもって、裁判書の作成に代えることができる。	○	×
	2　終局決定の裁判書には、次に掲げる事項を記載しなければならない。		△ 非訟事件手続法 第 62 条第 1 項 において準用
	一　主文		
	二　理由の要旨		
	三　当事者及び法定代理人		
	四　裁判所		
第 58 条	終局決定に計算違い、誤記その他これらに類する明白な誤りがあるときは、裁判所は、申立てにより又は職権で、いつでも更正決定をすることができる。	○	△ 非訟事件手続法 第 62 条第 1 項 において準用

	2　更正決定は、裁判書を作成してしなければならない。		
	3　更正決定に対しては、更正後の終局決定が原決定であるとした場合に即時抗告をすることができる者に限り、即時抗告をすることができる。		
	4　第一項の申立てを不適法として却下する裁判に対しては、即時抗告をすることができる。		
	5　終局決定に対し適法な即時抗告があったときは、前二項の即時抗告は、することができない。		
第59条	裁判所は、終局決定をした後、その決定を不当と認めるときは、次に掲げる決定を除き、職権で、これを取り消し、又は変更することができる。	○ ただし、法14Ⅵにおいて適用読替え。	△ 非訟事件手続法第62条第1項において準用
	一　申立てによってのみ裁判をすべき場合において申立てを却下した決定		
	二　即時抗告をすることができる決定		
	2　終局決定が確定した日から五年を経過したときは、裁判所は、前項の規定による取消し又は変更をすることができない。ただし、事情の変更によりその決定を不当と認めるに至ったときは、この限りでない。	○	
	3　裁判所は、第一項の規定により終局決定の取消し又は変更をする場合には、その決定における当事者及びその他の裁判を受ける者の陳述を聴かなければならない。		×
	4　第一項の規定による取消し又は変更の終局決定に対しては、取消し後又は変更後の決定が原決定であるとした場合に即時抗告をすることができる者に限り、即時抗告をすることができる。		△ 非訟事件手続法第62条第1項において準用
第60条	民事訴訟法第二百四十七条、第二百五十六条第一項及び第二百五十八条（第二項後段を除く。）の規定は、終局決定について準用する。この場合において、同法第二百五十六条第一項中「言渡し後」とあるのは、「終局決定が告知を受ける者に最初に告知された日から」と読み替えるものとする。	○	△ 非訟事件手続法第62条第1項において準用

第61条	裁判所は、終局決定の前提となる法律関係の争いその他中間の争いについて、裁判をするのに熟したときは、中間決定をすることができる。	○	×
	2　中間決定は、裁判書を作成してしなければならない。		
第62条	終局決定以外の非訟事件に関する裁判については、特別の定めがある場合を除き、第五十五条から第六十条まで（第五十七条第一項及び第五十九条第三項を除く。）の規定を準用する。	○	○
	2　非訟事件の手続の指揮に関する裁判は、いつでも取り消すことができる。		
	3　終局決定以外の非訟事件に関する裁判は、判事補が単独ですることができる。		
第63条	非訟事件の申立人は、終局決定が確定するまで、申立ての全部又は一部を取り下げることができる。この場合において、終局決定がされた後は、裁判所の許可を得なければならない。	法13Ⅰに規定あり。	法15Ⅵ、16Ⅱに規定あり。
	2　民事訴訟法第二百六十一条第三項及び第二百六十二条第一項の規定は、前項の規定による申立ての取下げについて準用する。この場合において、同法第二百六十一条第三項ただし書中「口頭弁論、弁論準備手続又は和解の期日（以下この章において「口頭弁論等の期日」という。）」とあるのは、「非訟事件の手続の期日」と読み替えるものとする。	○	△ 類推適用
第64条	非訟事件の申立人が、連続して二回、呼出しを受けた非訟事件の手続の期日に出頭せず、又は呼出しを受けた非訟事件の手続の期日において陳述をしないで退席をしたときは、裁判所は、申立ての取下げがあったものとみなすことができる。	○	△ 類推適用
第65条	非訟事件における和解については、民事訴訟法第八十九条、第二百六十四条及び第二百六十五条の規定を準用する。この場合において、同法第二百六十四条及び第二百六十五条第三項中「口頭弁論等」とあるのは、「非訟事件の手続」と読み替えるものとする。	○	△ 類推適用

	2　和解を調書に記載したときは、その記載は、確定した終局決定と同一の効力を有する。		
異議の訴え	定めなし。	法14に規定あり。	定めなし。不服申立て方法は即時抗告（法15Ⅴ、16Ⅲに規定あり。）
第66条	終局決定により権利又は法律上保護される利益を害された者は、その決定に対し、即時抗告をすることができる。	×	×
	2　申立てを却下した終局決定に対しては、申立人に限り、即時抗告をすることができる。		
	3　手続費用の負担の裁判に対しては、独立して即時抗告をすることができない。		△ 非訟事件手続法第82条において準用
第67条	終局決定に対する即時抗告は、二週間の不変期間内にしなければならない。ただし、その期間前に提起した即時抗告の効力を妨げない。	×	×
	2　即時抗告の期間は、即時抗告をする者が裁判の告知を受ける者である場合にあっては、裁判の告知を受けた日から進行する。		△ 非訟事件手続法第82条において準用
	3　前項の期間は、即時抗告をする者が裁判の告知を受ける者でない場合にあっては、申立人（職権で開始した事件においては、裁判を受ける者）が裁判の告知を受けた日（二以上あるときは、当該日のうち最も遅い日）から進行する。		
第68条	即時抗告は、抗告状を原裁判所に提出してしなければならない。	×	△ 非訟事件手続法第82条において準用
	2　抗告状には、次に掲げる事項を記載しなければならない。		
	一　当事者及び法定代理人		
	二　原決定の表示及びその決定に対して即時抗告をする旨		
	3　即時抗告が不適法でその不備を補正することができないことが明らかであるときは、原裁判所は、これを却下しなければならない。		
	4　前項の規定による終局決定に対しては、即時抗告をすることができる。		

	5　前項の即時抗告は、一週間の不変期間内にしなければならない。ただし、その期間前に提起した即時抗告の効力を妨げない。		
	6　第四十三条第四項から第六項までの規定は、抗告状が第二項の規定に違反する場合及び民事訴訟費用等に関する法律の規定に従い即時抗告の提起の手数料を納付しない場合について準用する。		
第 69 条	終局決定に対する即時抗告があったときは、抗告裁判所は、原審における当事者及び利害関係参加人（抗告人を除く。）に対し、抗告状の写しを送付しなければならない。ただし、その即時抗告が不適法であるとき、又は即時抗告に理由がないことが明らかなときは、この限りでない。	×	×
	2　裁判長は、前項の規定により抗告状の写しを送付するための費用の予納を相当の期間を定めて抗告人に命じた場合において、その予納がないときは、命令で、抗告状を却下しなければならない。		
	3　前項の命令に対しては、即時抗告をすることができる。		
第 70 条	抗告裁判所は、原審における当事者及びその他の裁判を受ける者（抗告人を除く。）の陳述を聴かなければ、原裁判所の終局決定を取り消すことができない。	×	×
第 71 条	原裁判所は、終局決定に対する即時抗告を理由があると認めるときは、その決定を更正しなければならない。	×	△ 非訟事件手続法第 82 条において準用
第 72 条	終局決定に対する即時抗告は、特別の定めがある場合を除き、執行停止の効力を有しない。ただし、抗告裁判所又は原裁判所は、申立てにより、担保を立てさせて、又は立てさせないで、即時抗告について裁判があるまで、原裁判の執行の停止その他必要な処分を命ずることができる。	×	△ 非訟事件手続法第 82 条において準用
	2　前項ただし書の規定により担保を立てる場合において、供託をするには、担保を立てるべきことを命じた裁判所の所在地を管轄する地方裁判所の管轄区域内の供託所にしなければならない。		

	3　民事訴訟法第七十六条、第七十七条、第七十九条及び第八十条の規定は、前項の担保について準用する。		
第73条	終局決定に対する即時抗告及びその抗告審に関する手続については、特別の定めがある場合を除き、前章の規定（第五十七条第一項ただし書及び第六十四条の規定を除く。）を準用する。この場合において、第五十九条第一項第二号中「即時抗告」とあるのは、「第一審裁判所の終局決定であるとした場合に即時抗告」と読み替えるものとする。	×	△ 非訟事件手続法第82条において準用
	2　民事訴訟法第二百八十三条、第二百八十四条、第二百九十二条、第二百九十八条第一項、第二百九十九条第一項、第三百二条、第三百三条及び第三百五条から第三百九条までの規定は、終局決定に対する即時抗告及びその抗告審に関する手続について準用する。この場合において、同法第二百九十二条第二項中「第二百六十一条第三項、第二百六十二条第一項及び第二百六十三条」とあるのは「非訟事件手続法第六十三条第二項及び第六十四条」と、同法第三百三条第五項中「第百八十九条」とあるのは「非訟事件手続法第百二十一条」と読み替えるものとする。		
第74条	抗告裁判所の終局決定（その決定が第一審裁判所の決定であるとした場合に即時抗告をすることができるものに限る。）に対しては、次に掲げる事由を理由とするときに限り、更に即時抗告をすることができる。ただし、第五号に掲げる事由については、手続行為能力、法定代理権又は手続行為をするのに必要な権限を有するに至った本人、法定代理人又は手続代理人による追認があったときは、この限りでない。	×	△ 非訟事件手続法第82条において準用
	一　終局決定に憲法の解釈の誤りがあることその他憲法の違反があること。		
	二　法律に従って裁判所を構成しなかったこと。		
	三　法律により終局決定に関与することができない裁判官が終局決定に関与したこと。		
	四　専属管轄に関する規定に違反したこと。		

	五　法定代理権、手続代理人の代理権又は代理人が手続行為をするのに必要な授権を欠いたこと。		
	六　終局決定にこの法律又は他の法令で記載すべきものと定められた理由若しくはその要旨を付せず、又は理由若しくはその要旨に食い違いがあること。		
	七　終局決定に影響を及ぼすことが明らかな法令の違反があること。		
	2　前項の即時抗告（以下この条及び第七十七条第一項において「再抗告」という。）が係属する抗告裁判所は、抗告状又は抗告理由書に記載された再抗告の理由についてのみ調査をする。		
	3　民事訴訟法第三百十四条第二項、第三百十五条、第三百十六条（第一項第一号を除く。）、第三百二十一条第一項、第三百二十二条、第三百二十四条、第三百二十五条第一項前段、第三項後段及び第四項並びに第三百二十六条の規定は、再抗告及びその抗告審に関する手続について準用する。この場合において、同法第三百十四条第二項中「前条において準用する第二百八十八条及び第二百八十九条第二項」とあるのは「非訟事件手続法第六十八条第六項」と、同法第三百十六条第二項中「対しては」とあるのは「対しては、一週間の不変期間内に」と、同法第三百二十二条中「前二条」とあるのは「非訟事件手続法第七十四条第二項の規定及び同条第三項において準用する第三百二十一条第一項」と、同法第三百二十五条第一項前段中「第三百十二条第一項又は第二項」とあるのは「非訟事件手続法第七十四条第一項」と、同条第三項後段中「この場合」とあるのは「差戻し又は移送を受けた裁判所が裁判をする場合」と、同条第四項中「前項」とあるのは「差戻し又は移送を受けた裁判所」と読み替えるものとする。		
第75条	地方裁判所及び簡易裁判所の終局決定で不服を申し立てることができないもの並びに高等裁判所の終局決定に対しては、その決定に憲法の解釈の誤りがあることその他憲法の違反があることを理由とするときに、最高裁判所に特に抗告をすることができる。	×	△ 非訟事件手続法第82条において準用。ただし、簡易裁判所に関する部分は

	2　前項の抗告（以下この項及び次条において「特別抗告」という。）が係属する抗告裁判所は、抗告状又は抗告理由書に記載された特別抗告の理由についてのみ調査をする。		適用される場面がない。
第76条	前款の規定（第六十六条、第六十七条第一項、第六十九条第三項、第七十一条及び第七十四条の規定を除く。）は、特別抗告及びその抗告審に関する手続について準用する。	×	△ 非訟事件手続法第82条において準用。ただし、簡易裁判所に関する部分は適用される場面がない。
	2　民事訴訟法第三百十四条第二項、第三百十五条、第三百十六条（第一項第一号を除く。）、第三百二十一条第一項、第三百二十二条、第三百二十五条第一項前段、第二項、第三項後段及び第四項、第三百二十六条並びに第三百三十六条第二項の規定は、特別抗告及びその抗告審に関する手続について準用する。この場合において、同法第三百十四条第二項中「前条において準用する第二百八十八条及び第二百八十九条第二項」とあるのは「非訟事件手続法第七十六条第一項において準用する同法第六十八条第六項」と、同法第三百十六条第二項中「対しては」とあるのは「対しては、一週間の不変期間内に」と、同法第三百二十二条中「前二条」とあるのは「非訟事件手続法第七十五条第二項の規定及び同法第七十六条第二項において準用する第三百二十一条第一項」と、同法第三百二十五条第一項前段及び第二項中「第三百十二条第一項又は第二項」とあるのは「非訟事件手続法第七十五条第一項」と、同条第三項後段中「この場合」とあるのは「差戻し又は移送を受けた裁判所が裁判をする場合」と、同条第四項中「前項」とあるのは「差戻し又は移送を受けた裁判所」と読み替えるものとする。		
第77条	高等裁判所の終局決定（再抗告及び次項の申立てについての決定を除く。）に対しては、第七十五条第一項の規定による場合のほか、その高等裁判所が次項の規定により許可したときに限り、最高裁判所に特に抗告をすることができる。ただし、その決定が地方裁判所の決定であるとした場合に即時抗告をすることができるものであるときに限る。	×	△ 非訟事件手続法第82条において準用
	2　前項の高等裁判所は、同項の終局決定について、最高裁判所の判例（これがない場合		

	にあっては、大審院又は上告裁判所若しくは抗告裁判所である高等裁判所の判例）と相反する判断がある場合その他の法令の解釈に関する重要な事項を含むと認められる場合には、申立てにより、抗告を許可しなければならない。		
	3　前項の申立てにおいては、第七十五条第一項に規定する事由を理由とすることはできない。		
	4　第二項の規定による許可があった場合には、第一項の抗告（以下この条及び次条第一項において「許可抗告」という。）があったものとみなす。		
	5　許可抗告が係属する抗告裁判所は、第二項の規定による許可の申立書又は同項の申立てに係る理由書に記載された許可抗告の理由についてのみ調査をする。		
	6　許可抗告が係属する抗告裁判所は、終局決定に影響を及ぼすことが明らかな法令の違反があるときは、原決定を破棄することができる。		
第78条	第一款の規定（第六十六条、第六十七条第一項、第六十八条第四項及び第五項、第六十九条第三項、第七十一条並びに第七十四条の規定を除く。）は、許可抗告及びその抗告審に関する手続について準用する。この場合において、これらの規定中「抗告状」とあるのは「第七十七条第二項の規定による許可の申立書」と、第六十七条第二項及び第三項、第六十八条第一項、第二項第二号及び第三項、第六十九条第一項並びに第七十二条第一項本文中「即時抗告」とあり、及び第六十八条第六項中「即時抗告の提起」とあるのは「第七十七条第二項の申立て」と、第七十二条第一項ただし書並びに第七十三条第一項前段及び第二項中「即時抗告」とあるのは「許可抗告」と読み替えるものとする。	×	△ 非訟事件手続法第82条において準用
	2　民事訴訟法第三百十五条及び第三百三十六条第二項の規定は前条第二項の申立てについて、同法第三百十八条第三項の規定は前条第二項の規定による許可をする場合について、同法第三百十八条第四項後段、第三百二		

	十一条第一項、第三百二十二条、第三百二十五条第一項前段、第二項、第三項後段及び第四項並びに第三百二十六条の規定は前条第二項の規定による許可があった場合について準用する。この場合において、同法第三百十八条第四項後段中「第三百二十条」とあるのは「非訟事件手続法第七十七条第五項」と、同法第三百二十二条中「前二条」とあるのは「非訟事件手続法第七十七条第五項の規定及び同法第七十八条第二項において準用する第三百二十一条第一項」と、同法第三百二十五条第一項前段及び第二項中「第三百十二条第一項又は第二項」とあるのは「非訟事件手続法第七十七条第二項」と、同条第三項後段中「この場合」とあるのは「差戻し又は移送を受けた裁判所が裁判をする場合」と、同条第四項中「前項」とあるのは「差戻し又は移送を受けた裁判所」と読み替えるものとする。		
第79条	終局決定以外の裁判に対しては、特別の定めがある場合に限り、即時抗告をすることができる。	×	○ 提供命令の申立て、消去禁止命令の申立てに対する裁判について、「特別の定め」としての法14 V、法15 Ⅲ
第80条	受命裁判官又は受託裁判官の裁判に対して不服がある当事者は、非訟事件が係属している裁判所に異議の申立てをすることができる。ただし、その裁判が非訟事件が係属している裁判所の裁判であるとした場合に即時抗告をすることができるものであるときに限る。	×	○
	2 前項の異議の申立てについての裁判に対しては、即時抗告をすることができる。		
	3 最高裁判所又は高等裁判所に非訟事件が係属している場合における第一項の規定の適用については、同項ただし書中「非訟事件が係属している裁判所」とあるのは、「地方裁判所」とする。		
第81条	終局決定以外の裁判に対する即時抗告は、一週間の不変期間内にしなければならない。ただし、その期間前に提起した即時抗告の効力を妨げない。	×	○

第82条	前節の規定（第六十六条第一項及び第二項、第六十七条第一項並びに第六十九条及び第七十条（これらの規定を第七十六条第一項及び第七十八条第一項において準用する場合を含む。）の規定を除く。）は、裁判所、裁判官又は裁判長がした終局決定以外の裁判に対する不服申立てについて準用する。	×	○
第83条	確定した終局決定その他の裁判（事件を完結するものに限る。第五項において同じ。）に対しては、再審の申立てをすることができる。	○	×
	2　再審の手続には、その性質に反しない限り、各審級における非訟事件の手続に関する規定を準用する。		
	3　民事訴訟法第四編の規定（同法第三百四十一条及び第三百四十九条の規定を除く。）は、第一項の再審の申立て及びこれに関する手続について準用する。この場合において、同法第三百四十八条第一項中「不服申立ての限度で、本案の審理及び裁判をする」とあるのは、「本案の審理及び裁判をする」と読み替えるものとする。		
	4　前項において準用する民事訴訟法第三百四十六条第一項の再審開始の決定に対する即時抗告は、執行停止の効力を有する。		
	5　第三項において準用する民事訴訟法第三百四十八条第二項の規定により終局決定その他の裁判に対する再審の申立てを棄却する決定に対しては、当該終局決定その他の裁判に対し即時抗告をすることができる者に限り、即時抗告をすることができる。		
第84条	裁判所は、前条第一項の再審の申立てがあった場合において、不服の理由として主張した事情が法律上理由があるとみえ、事実上の点につき疎明があり、かつ、執行により償うことができない損害が生ずるおそれがあることにつき疎明があったときは、申立てにより、担保を立てさせて、若しくは立てさせないで強制執行の一時の停止を命じ、又は担保を立てさせて既にした執行処分の取消しを命ずることができる。	○	×
	2　前項の規定による申立てについての裁判に対しては、不服を申し立てることができない。		

	3　第七十二条第二項及び第三項の規定は、第一項の規定により担保を立てる場合における供託及び担保について準用する。	

※　（異議の訴えの対象とはならない）開示命令の申立てを不適法として却下する旨の決定に対する不服申立ては、非訟事件手続法第66条から第78条までの規定が適用されるものである。

■ 資料5　国会審議における附帯決議

＜衆議院＞

　　　特定電気通信役務提供者の損害賠償責任の制限及び発信者情報の開示に関する法律の一部を改正する法律案に対する附帯決議

　　政府は、本法の施行に当たり、次の各項の実施に努めるべきである。

一　　迅速的確な被害者救済とともに、民主主義の根幹である表現の自由、通信の秘密が確保されるよう特に留意の上、関係機関・団体に協力を求めてインターネット上の誹謗中傷・人権侵害対策に当たること。

二　　インターネット上の誹謗中傷・人権侵害に関する情報発信について、過去の権利侵害に関する判例に基づいたガイドラインを作成する等により、運営事業者自身による契約約款や利用規約等に基づく主体的な削除等の取組を支援するとともに、迅速・的確な削除等の対応ができる環境整備を行うこと。

三　　インターネット上の誹謗中傷・人権侵害情報等に関する相談件数が高止まりしており、今後、デジタル化の進展により多種多様な誹謗中傷・人権侵害情報等の発信が想定されることから、インターネット上で誹謗中傷等を受けた被害者の相談体制を関係機関・団体と連携の上、充実・強化し、実効性のある被害者支援体制を構築すること。

四　　インターネット上の誹謗中傷や人権侵害を防止するためには、社会全体の情報モラル、ＩＣＴリテラシーの向上が重要であることから、関係機関が連携協力して啓発活動、加害者や被害者にならない対策を行うとともに、特に児童生徒に効する情報モラル、ＩＣＴリテラシー教育を充実させること。

五　　インターネット上の誹謗中傷・人権侵害が海外のウェブサイトやサーバーを経由して行われ得ることから、発信者情報開示手続や削除に関連し、諸外国との間で図際協力体制を構築するよう努めること。

六　　インターネット上の誹謗中傷・人権侵害対策に当たっては、誹謗中傷等に関する相談や削除対応等の件数等について実態把握を行うとともに、本法施行後におい

て、本法に基づく非訟手続による対応件数、開示までの所要日数等を把握し、適切な被害者救済方策となっているかの検証を行い、その結果を踏まえ必要な見直しを行うこと。

七　インターネット技術の革新が速く、誹謗中傷・人権侵害の態様が今後変化することが予想されることから、変化に適切に対応できるよう、発信者情報開示及び削除制度の不断の見直しを行うこと。

八　インターネット上の性暴力被害が広がっている状況についても、被害者救済のための運営事業者の役割などを明らかにし、対策を強化すること。

＜参議院＞

　　特定電気通信役務提供者の損害賠償責任の制限及び発信者情報の開示に関する法
　律の一部を改正する法律案に対する附帯決議

$$\left(\begin{array}{l}令和三年四月二十日\\参議院総務委員会\end{array}\right)$$

　　政府は、本法施行に当たり、次の事項についてその実現に努めるべきである。

一、迅速・的確な被害者救済とともに、民主主義の根幹である表現の自由、通信の
　秘密が確保されるよう特に留意の上、関係機関・団体に協力を求めてインターネッ
　ト上の誹謗中傷・人権侵害対策に当たること。

二、インターネット上の誹謗中傷・人権侵害に関する情報発信について、過去の権
　利侵害に関する判例に基づくガイドラインを作成すること等により、運営事業者自
　身による契約約款や利用規約等に基づく主体的な削除等の取組を支援するととも
　に、迅速・的確な削除等の対応ができる環境整備を行うこと。

三、インターネット上の誹謗中傷・人権侵害情報等に関する相談件数が高止まりし
　ており、今後、デジタル化の進展により多種多様な誹謗中傷・人権侵害情報等の発
　信が想定されることから、インターネット上で誹謗中傷等を受けた被害者の相談体
　制を関係機関・団体と連携の上、充実・強化し、実効性のある被害者支援体制を構
　築すること。

四、インターネット上の誹謗中傷・人権侵害を防止するためには、社会全体の情報
　モラルやＩＣＴリテラシーの向上が重要であることから、関係機関・団体が連携協
　力して啓発活動及び加害者や被害者にならない対策を行うとともに、特に児童・生
　徒に対する情報モラルやＩＣＴリテラシー教育を充実させること。

五、インターネット上の誹謗中傷・人権侵害が海外のウェブサイトやサーバーを経
　由して行われ得ることに鑑み、発信者情報開示手続や削除に関し、諸外国との間で
　国際協力体制を構築するよう努めること。

六、インターネット上の誹謗中傷・人権侵害対策に当たっては、誹謗中傷等に関す
　る相談や削除対応等の件数等について実態把握を行うとともに、本法施行後におい

て、本法に基づく非訟手続による対応件数、開示までの所要日数等を把握し、適切な被害者救済方策となっているかの検証及び運営事業者に寄せられた削除請求等の件数と対応結果について調査研究を行い、その結果を踏まえ必要な見直しを行うこと。

七、インターネットにおける今後の急速な技術革新に伴い予想される誹謗中傷・人権侵害情報の多種多様な態様の変化に適切に対応できるよう、発信者情報開示及び削除の制度について不断の見直しを行うこと。

八、インターネット上で権利侵害を受けた被害者が、迅速かつ円滑に権利回復を図ることができるよう、本法に基づく非訟手続について、関係機関・団体と連携の上、適切な周知を図ること。

九、インターネット上で広がっている性暴力被害についても、被害者救済のための運営事業者の役割などを明らかにし、対策を強化すること。

　右決議する。

●事項索引

一問一答 令和3年改正プロバイダ責任制限法

2022年3月30日　初版第1刷発行

編 著 者　小 川　久仁子

著　　者　高 田　裕 介　　中 山　康一郎
　　　　　大 澤　一 雄　　伊 藤　愉理子
　　　　　中 川　北 斗

発 行 者　石 川　雅 規

発 行 所　株式会社 商 事 法 務
　　　　　〒103-0025 東京都中央区日本橋茅場町 3-9-10
　　　　　TEL 03-5614-5643・FAX 03-3664-8844〔営業〕
　　　　　TEL 03-5614-5649〔編集〕
　　　　　https://www.shojihomu.co.jp/